百孝图

李 明——————————编

图文版人物写真

陕西新华出版 三秦出版社

出版说明

这是一套浓缩的中国历史普及读物，它舍去斑驳陆离的历史过程、莫衷一是的是非功过，只是眼盯着历史上那些鲜活生动的三教九流、芸芸众生，按照特定的价值尺度，选取一百名风格各异的人物 。如果说五千年中国历史是一部戏剧，那么这些人物基本上就是剧中的主要演员了。《百将图》荟萃了各个朝代的军事精英，名将们以其大智大勇力挽狂澜而赢得了人们的尊敬，他们有的是一仗成名，少年得志；有的是老谋深算，百战百胜。战争和危难为他们提供了一展身手的机遇，使他们名垂青史。《百美图》实则是中国历史上女性群体中的翘楚，容貌和姿色并不是她们入选的主要资本，聪慧和善良才使她们备受垂青。《百孝图》搜辑历代孝亲敬老故事，意在延续中华古代第一美德的血脉。《百帝图》总结历代帝王兴衰成败的关键，通过一个个故事把美德和痼疾同时展现。《百贤图》汇辑历代名臣言行和儒林故事，描绘了中国古代士大夫的精神风范。《百仙图》着眼于遁世避俗者这一特殊群体，用小说家言诠释他们的准真实故事。

此次整理出版这套小书，基本都是在古人原书基础上，补充了大量资料后改写而成稿。书中插图大多为古书原图，具有较高的收藏和欣赏价值。

目 录

孝感动天

虞舜姓姚，名重华，号有虞氏，冀州（今山西永定一带）人。从小就宽厚仁爱，孝敬父母，友爱兄弟，被列为中华民族的“二十四孝”之首。舜的母亲叫握登，生下舜不久就去世了。父亲瞽叟续娶了妻子，又生下儿子象。象从小顽劣不堪，长大后更加自私贪婪。继母本来就忌恨舜，生下象后更加仇视，再加上父亲听多了枕边话，又疼爱小儿子，因此一家人都将舜视作眼中钉。而舜天性纯孝，不论父母、弟弟怎样对待自己，他总是恭敬友爱，丝毫没有怨言。当时帝尧听说舜的贤能，就把两个女儿娥皇、女英嫁给他，并赐给他许多牛羊，借此考察他的才能。而象为了侵吞财产，霸占嫂嫂，就千方百计在父母面前挑拨离间，企图谋害舜的性命。一天，瞽叟让舜修缮家里的谷仓，当舜爬上仓顶的时候，象却抽掉梯子，放火烧仓。舜临难不慌，手中举起两个斗笠，往下一跳，竟然安全着地。瞽叟又让舜去淘井，舜预先在井壁凿了通向外边的洞。瞽叟和象见舜下了井，就把土填了下去，没想到舜却从凿开的洞里出去了。后人以诗赞道：

陶渔耕稼一穷民，弟傲父顽母又嚣。

协帝重华称大孝，空山号泣见天真。

【小议】史书中说舜“父顽母嚣”、“弟傲”，而舜终于用自己博大宽阔的胸怀感化了他们。传说舜的德行惊动了天帝，天帝派大象替他耕地，鸟代他撒种。后来，舜又接受帝尧的“禅让”，成为贤明的帝王。后人有“尧天舜日”之誉，是说尧、舜治理的天下，是人们向往的太平盛世啊。

鹿乳奉亲

郯子是春秋时郯国（今山东郯城北）的国君。从小孝敬父母，声名远扬。长大后，父母年迈，又都患上了眼病，就传位于郯子。郯子即位后，国事之余，就找来最好的医生给父母治病。医生说他父母得的是“火病”，要去掉火眼之病，最好的办法是饮用鹿乳，并用鹿乳洗眼。郯子思来想去，就自己披了鹿皮，装成鹿的样子，来到鹿群出没的地方，企图以此捕捉母鹿。有一次，他正学着鹿的样子在山林间徘徊，突然发现一个猎人正用弓箭对准自己，他连忙起身脱下鹿皮，向猎人说明情况。猎人认出他是自己的国君，当知他现在正谋求鹿乳孝养双亲时，连忙说：“这太简单了。前年我捕了一只母鹿，养在家里，现在鹿乳正旺，您就提一桶回去吧。以后还要，只管来取好了。”郯子把鹿乳带回家，一半让父母喝了，一半用来清洗眼睛，父母的眼病终于治好了。后人以诗赞道：

莘野鹿鸣呦复呦，物非同类乳难求。

化装别有生新法，猎户惊心佳话留。

【小议】郯国是春秋时依附于鲁国的一个小国，子是国君的封爵。文中的郯子在位四十余年，治理国家，提倡孝治，使这个小小的封国一时富裕强盛起来，就连大圣人孔子小时也仰慕他的德行，曾拜他为老师，足见他的声望之高了。

戏彩娱亲

据《史记》、《高士传》、《列女传》记载，老莱子是春秋末年楚国隐士，与孔子同时。老莱子对待双亲十分孝顺。当时社会动荡，到处混战，老莱子为使父母免遭兵荒马乱之苦，就带领全家来到蒙山（今山东中部）南麓隐居，靠开荒种地，自食其力。老莱子七十岁时，父母年龄更大，为了双亲身体健康，心情愉快，他想着法子逗老人乐。有时穿五色花衣服，在地上翻跟头，学狗叫，像小孩一样，把父母逗得乐哈哈，他才作罢。有一次，他端着汤饭给父母喝，上台阶时，不小心摔了一跤，他便乘势坐在地上，像小孩样哭了起来，急得二老赶忙来扶，他却站起来开心地笑着说："我是在故意逗你二老玩。"后人以诗赞道：

戏舞学娇痴，春风动彩衣。
双亲开口笑，喜色满庭闱。

【小议】大圣人孔子听了老莱子的孝行，感叹道："对于父母来说，儿子年岁再大，也不算老；如果让父母伤心难过，才算是老啊！像老莱子这样，才可以说是不失孺子之心啊！"可以说，孝是人的基本特性之一，是人人都应具备的很自然、很实在、很高尚的道德情操，不必有丝毫虚伪做作的成份在内。相信今天的年轻人在对待父母的问题上，会比几千年前的老莱子做得更好。

单衣顺母

闵子骞姓闵，名损，字子骞，春秋末年鲁国人，孔子的学生，与颜回并列为孔门七十二贤之首。闵子骞出身贫寒，母亲很早去世，后来父亲续娶。继母心胸狭窄，对自己亲生的两个儿子百般疼爱，对闵子骞却另眼看待。这年冬天，继母做了棉衣，给亲生儿子絮的是棉花，而给闵子骞絮的是芦花。一天，父亲让他赶车，闵子骞手冻得发麻，抓不住缰绳，父亲以为他在偷懒，就挥鞭抽打。谁知鞭子挨身，衣服一下子被抽破了，只见芦花片片飘飞。父亲一下子惊呆了，才知是继妻虐待儿子，一怒之下就要休妻。闵子骞天生纯孝，又颇识大体，劝父亲说："母在一子单，母去三子寒。"两个弟弟也跪着乞求父亲。父亲这才作罢。继母愧疚之余，洗心革面，对闵子骞视如亲生，一家人终于过上了快乐祥和的日子。后人以诗赞道：

自古偏私是后娘，芦花难做御寒装。
彼言母去儿均苦，感动黑心易热肠。

【小议】单衣顺母是几千年来孝子形象的典型代表，一直被人们推崇。相传父亲去世后，闵子骞恪守孝道，守制三年。然而正服丧时，鲁国遭受外敌入侵。在忠孝面前，他毅然服从君命，亲自上战场御敌，直到敌人被赶出国门，之后又穿上孝服，为父守丧。由此可见，闵子骞对孝道的深层意蕴，有着深刻地理解。

为亲负米

仲由，字子路（一作季路），鲁国卞（今山东泗水）人，孔子的学生，以勇武孝顺闻名。仲由自幼家贫，缺吃少穿，很早就帮父母下地干活。有一年，卞地大旱，河流干涸，土地龟裂，庄稼颗粒无收。灾民不是饿死，就是拖儿带女，背井离乡，沿途乞讨。仲由家中也断了炊火，但父母年纪已大，怎么也不愿外出逃荒，宁愿守在家里饿死。无奈之下，他硬着头皮到百里外的亲戚家去借粮。早上出发，一路小跑赶到亲戚家里。亲戚家虽不富有，但还是借给他一斗小米，一袋面。为了让父母早点吃上米面，仲由背起粮食，连夜往回赶，终于在天明时分到家。父母得救了，仲由却累得爬不起来了。仲由为亲负米，一天一夜赶了二百多里路的孝行感动了所有的人。后人以诗赞道：

早岁曾肩米一囊，迢迢百里供高堂。
哪知禄厚官高日，不逮双亲大可伤。

【小议】仲由身入孔门，仍保持着自己正直、勇敢、嫉恶如仇、尊敬师长的本色，孔子对此十分赞赏，他说："我的学生中，即使穿着破旧衣服，却敢与达官贵人并肩而立、又不感到自卑羞愧的，只有仲由做得到。"

福

啮指心痛

曾参，字子舆，鲁国武成（今山东费县）人，天性纯孝。一天，曾参去山里打柴，家里来了客人，母亲不知如何是好，便咬了自己手指。曾参正在打柴，忽然感到心里隐隐作痛，出于天性，他立即意识到家中有事，急忙背柴回家，向母亲问安。母亲说："家中来了客人，有急事，所以我咬了手指，想唤你回来。"曾参亲自下厨，盛情招待客人。后来他在鲁国做了个小官，挣得很少的俸禄，用以奉养父母。父母去世后，他随孔子周游列国，一度在越国做了大官。晚年，曾感慨地说："当初我身为小吏，所得奉禄不过一二斗米，却欣然自喜，那是什么原因呢，因为那点米能让我供养父母。后来南游越国，住着高堂大厦，吃着山珍海味，却常北望故里，凄然泪下，为什么呢？因为双亲不在了，不由得心里寂寞悲苦。"后人以诗赞道：

母子原来通一气，儿身处处是亲身。
家门啮指儿心痛，一片真诚感动神。

【小议】曾参在孔门子弟中，在学问品德志向上，可以说深得孔子真传。他与孔子讨论孝道的言论，被弟子汇集成举世闻名的《孝经》，相传《四书》中的《大学》也是他的著作，著名的"吾日三省吾身"就出于他的口中。由于他孝行卓著，学问深厚，历代统治者尊他为"宗圣"。

亲尝汤药

汉文帝刘恒，是汉高祖刘邦的第三个儿子。生母姓薄，生他时，梦见青龙入怀。刘恒八岁时，被封为代(治所在今河北蔚县)王，必须离开都城，到封地“主持”事务。吕后执政时，薄氏被外放代地，与儿子生活在一起。刘恒贵为藩王，对待母亲尽忠尽孝，早晚请安，有事必报。一时间，母慈子孝，声名远扬。一天母亲突然发病，刘恒立即召来医生诊治。母亲吃的汤药味苦，药煎好后，刘恒都要亲口尝尝，试过温凉，才让母亲喝。母亲一病就是三年，刘恒也一直侍候了三年。皇天不负孝行人。母亲的病终于好了。刘恒虽累得消瘦了许多，心里却为母亲身体康复无比高兴。刘恒称帝后，生活俭朴，废除肉刑，轻徭薄赋，采用休养生息的治国策略，与儿子汉景帝刘启共同成就了历史上有名的“文景之治”。后人以诗赞道：

几辈高堂有老亲，病来方剂贵留神。
汉文侍疾躬尝药，愧煞不知定省人。

【小议】汉文帝是历史上有名的提倡孝治的皇帝之一，在位期间，多次颁布诏令，提倡孝道，敬老养老。还采取措施，命各地官员慰问老人，奖励孝子，每人赐帛五匹。作为一个封建帝王，实在难能可贵。

没官赎罪

齐国太仓（今江苏省太仓县）令淳于意触犯了国家刑法，朝廷派人将他逮捕，押赴长安狱中，将被处肉刑。他的小女儿缇萦十分悲伤，着意跟随父亲，西行入京，并上书朝廷道："我父亲身为县令，齐地人都说他办事清正。如今犯了罪，将处肉刑。我悲伤的是，人死不可复生，受刑后不可复原，即使犯罪的人想改过自新，也不可能了。我愿意被没入官府当奴婢，来抵除我父亲应该受的刑罚，使他有改过自新的机会。"汉文帝此时正有轻徭薄赋、减轻刑罚、让百姓休养生息的想法，看了缇萦的上书，又怜悯她的孝心，便颁布诏书，下令废除肉刑。后人以诗赞道：

恨我非男子，犹能诣尉廷。
没官求赎罪，天子特除刑。

【小议】汉代以前的肉刑分黥面、劓鼻、刖足三种，这些残酷的肉刑给千千万万的人和家庭带来了莫大的耻辱和痛苦。缇萦作为一个弱女子，上书言苦，为父代罪，竟使汉文帝下决心废除了这种酷刑。汉文帝固是一代明君，而缇萦一心救父的孝心和胆识更令人赞佩。

亲涤厕牏

石奋，赵地（今山西省太原市东南）人，汉文帝时任太中大夫。汉景帝即位后，他又任诸侯国之相。他有四个儿子，长子名叫石建，二子名叫石甲，三子名叫石乙，四子名叫石庆，都对尊长孝顺恭敬，又都官至二千石。因家中有五位二千石以上的官员，人们就把石奋称为万石君。这个消息传出后，引起窦太后的重视。窦太后认为当时的儒家人士注重理论或外表言论，缺少实际才能，而石奋不甚言语，能够亲身恭行，是个难得的人才。因此，窦太后便任石奋的大儿子石建为郎中令，小儿子石庆为内史。过了好多年，石建年龄大了，头发白了，而他父亲万石君的身体却很硬朗。石建出于孝心，每隔五天离朝回家，谒见亲人之后，总要悄悄拿走父亲换下的内衣，亲手洗干净，又冲洗厕所。他怕父亲知道后不高兴，嫌这样会影响自己的工作，便叮咛侍奉的人，不要让父亲知道。后人赞道：

就养本无方，事岂须童仆。
涤裙更涤牏，佑启黄山谷。

【小议】万石君官居高位，教子有方，其子听话也很有出息，这是良好家教的结果。长子石建年龄已大，居于高位，仍不忘侍奉老人，身体力行，令人钦佩。诗中的黄山谷即北宋著名文学家、书法家黄庭坚，号山谷道人。说黄庭坚的孝行，也是从石奋这里学来的。

埋儿得金

郭巨，字文举，西汉隆虑（今河南省林县）人。生性纯孝。父亲去世后，对母亲更加体贴，妻子也很孝敬婆婆，夫妇二人堪称孝子孝媳。望着称心如意的儿子、儿媳，母亲心里十分高兴，常对人说："我家儿子、媳妇对我的孝敬，就是那皇帝老儿恐怕也享受不到啊！"有一年，中原大旱，饿殍遍野，米价贵得如同珍珠一般。郭巨侍奉母亲饮食仍像往常一样，自己却与妻子以野菜谷糠充饥。当时郭巨的儿子刚满三岁，每当吃饭时，总要抢着分吃郭巨给母亲的食物。郭巨便对妻子说："眼下饥荒，儿子分吃母亲的食物，弄不好都得饿死。不如埋了儿子，以便养活母亲。母死不可再生，儿死尚能再育。"即把儿子抱到野外，拿起铁锨挖坑。忽然挖出一罐黄金，上边有字："天赐孝子郭巨，官不得取，人不得夺！"郭巨惊骇不已，抱儿回家。后人以诗赞道：

莫责乡愚求养志，恐分甘旨竟埋儿。
真诚一念格天地，土变黄金是此时。

【小议】郭巨埋儿，令人惊骇，即使在封建社会，也不断被人指责，清代大学者袁枚就颇不以为然。郭巨毕竟是个老实憨厚的普通人，铤而走险、损人利己的事都干不出来，又限于学识，只能以极原始的、他自己特有的思想方法处理急难之事。好在上天赐金，才使得这一人间惨剧以喜剧的形式圆满结束。

求食遇贼

刘平，字公子，楚郡彭城（今江苏省徐州市）人。王莽当政时，他为郡吏守菑邱长，政教大行，治理得当，深得老百姓的拥护。到了更始帝刘玄时，王莽虽死而诸强相争，天下大乱。刘平见形势不好，赶紧携老母出逃，藏身在山野草泽之中。一天早晨，刘平出去寻找食物，突然蹿出一群饿贼，紧紧地将他抓住。刘平顾念老母，无计可施，只好叩头说道："我今天早晨出来，想给老母亲寻找野菜充饥。如果我不回去，老母亲就没法活了。请你们高抬贵手，先让我回去把老母亲安顿好，我再来这里，接受你们处置。"这些山贼可能也是饥民，迫不得已才铤而走险。他们见刘平涕泪满面，苦不堪言，便放刘平回去。安顿好母亲后，刘平认为人应有信义，就鼓足勇气，只身来到饥贼所在之处，主动要接受处置。饥贼没料想他真的来了，个个十分震惊。饥贼们经过商议，大声说道："我们听说古人中有节烈之士，没想到今天能亲眼一见，我们怎能吃你的肉呢?"刘平保全了性命，赶紧回去服侍母亲。后举孝廉，官至义郎。后人赞道：

奉母逃荒泽，寻蔬反遇兵。
放还仍诣贼，哪得不相惊!

【小议】所谓的饥贼，即因生活所迫铤而走险的穷苦之人，他们也有母亲，因此能以人情相待，放刘平回家。在孝道面前，人的善性也发挥到了极致，真让人惊叹。

屈己从亲

崔篆，涿郡安平（今河北省安平县）人。王莽当政时，有人举荐他任掌管首都禁军的步兵校尉，他推辞道：“我听说决定讨伐他国时，大事情都不会向仁爱者征求意见；领兵作战时，用不着请教儒学之士。现在让我做步兵校尉，既不合适，我也不想干。”他不受任，很快就回了老家。对于不依附于自己的人，王莽当时多用刑法予以陷害。崔篆的哥哥崔发当时善于谄媚奉迎，深得王莽宠幸而官至大司空；母亲师氏以博通儒经也被王莽看重，以特殊的礼遇封为义成夫人。由于有这种特殊关系，王莽又任崔篆为新建大尹。崔篆碍于情面而难以推辞，只好叹道：“我生在浑沌不明的世道之间，适逢强暴的君主不能主持正义，这怎么行呢？我上有老母，下有兄弟，其言行均与我不同，我怎能洁身自好，怎能使我与亲人不陷于其中呢？”崔篆迫于无耐，乘车到官，但假称自己有病，从不办理官务。后人赞道：

道污则从污，何容独洁己。
离母更辟兄，怪他陈仲子。

【小议】崔篆因条件约束而难以洁身自好，以情理推测尚可理解。后人以陈仲子作比，也引人深思。齐国陈仲子以兄受万钟之奉禄为不义，遂至楚国。楚王想任为宰相，他拒绝接受，逃走后以灌园为生。将此与崔篆对照，也能进一步说明问题。

行佣供母

江革，字次翁，东汉初年临淄（今山东省淄博）人。父亲很早去世。时值王莽专政，江革为躲避战乱，背着母亲，弃家出走。途中几次遭遇强人，要虏掠他入伙。江革总是哀求说：“我跟你们去能好吃好喝，那多好啊。只是我的母亲没了依靠，就无法活下去了。”强人见他言真意诚，动了怜悯之心，放他而去。到下邳（今江苏省邳县）后，他已身无分文，就给人家做佣工，挣钱养活母亲。打水劈柴，放牛喂猪，无所不做。刘秀称帝后，战乱慢慢平息，江革又背着母亲回老家，照样勤恳事母。母亲有事外出，他不用牛马拉车，而是自己拉车，缓步而行，为的是车子平稳，母亲坐着舒服。人们都称他为“江巨孝”。后人以诗赞道：

离乱无力供甘旨，不惜一身做赁佣。
他日孝廉得乡举，官居谏议劳芳踪。

【小议】江革的孝行在光武帝、明帝、彰帝时的影响非常大，朝廷曾拜他为谏议大夫，他以年老辞绝。汉章帝曾感叹说：“孝为百行之冠，众善之始。朝中现在虽不乏贤能之士，但论孝行，还无人与江革相比。”

拾椹养亲

蔡顺，字君仲，汝南安成（今河南省汝南县）人。小时父亲就离他而逝，母亲含辛茹苦将他养大。蔡顺懂事后，就非常孝敬母亲。王莽当政末年，社会动荡，又逢天灾，粮食颗粒无收。“猛虎遍地走，十村九无烟”，即是当时社会生活的写照。蔡顺靠采摘桑椹为食，他把变成黑色的熟桑椹与还没成熟的红桑椹分开装。一天，他正在采集，遇赤眉军将他抓走，看见分装的桑椹，就问他什么原因。蔡顺答道：“红色的桑椹还没成熟，吃起来发酸，留着自己吃；黑色的是已成熟的桑椹，味道甜美，拿回家给母亲吃。”赤眉军感叹道：“真是个孝子啊！”随即将他释放，并送给他三斗白米，两条牛腿，让他孝敬母亲。后人以诗赞道：

蔡顺入山拾桑椹，黑红分类问原因。

赤眉亦有良心在，斗米豚蹄奖善人。

【小议】清代学者张之洞在他编选的《百孝图》中评蔡顺时说道：“盗贼也知道孝道，也敬重孝子。世上那些不能逃脱劫匪的人，是因为他的品行还没有达到一定的高度。”此话可能失于偏颇，但至少可以看作是对孝子品行的一种彰扬，对忤逆行为的一种贬斥吧。

女刃父仇

据《列女传》记载，酒泉烈女庞娥亲是庞子夏的妻子，赵君安的女儿。赵君安被同县凶徒李寿杀死后，庞娥亲的三个兄弟也相继因病而亡。李寿听到这一消息，高兴地说："赵家只剩下一个弱女子，还有什么可怕的呢？"娥亲听到此话，悲愤地说："李寿，你别高兴得太早了！我已下定决心，非要杀你不可！"李寿整天骑马带刀，做事特别凶狠，乡人一见，惟恐躲避不及。庞娥亲知道了这一情况，便坐在一种小鹿车中紧紧尾随。有一天在都亭前边，娥亲突然赶到前边下车，用手抓住李寿的马头，大声斥骂。李寿猛吃一惊，在马上一闪，企图回马溜走。娥亲拔刀砍去，李寿紧张慌乱，一下子摔入路旁的小沟渠当中。娥亲上前又砍，刀被树杆阻断。李寿受伤未死，跳起来大喊大叫，挣扎周旋。娥亲奋力上前，用左手击其额头，右手击其喉部，一连几拳，将李击倒在地，随即上前拔出李寿身上的佩刀，砍下李寿的头，前去官府自首。官府根据实情，判定娥亲无罪，李寿死有余辜。后人以诗赞道：

李寿凶豪也，娥亲弱女耳。
挥刀竟取头，愧煞多男子。

【小议】庞娥亲虽是弱女，却能搏杀凶徒，为父报仇，惊世骇俗，这在旧时被称作义举，今人要依法行事，切不可盲目效仿古人。

待弟成名

鲁恭，字仲康，扶风平陵（今陕西省扶风县）人。父亲于东汉光武帝刘秀建武初年为武陵太守，任官多年，因病而亡。鲁恭当时十二岁，弟弟鲁丕七岁。不管白天黑夜，二人痛哭不息，拒绝接受官府的赠俸。回到老家葬埋父亲后，他俩尽心服丧，礼节周备，有些事比大人还想得周全，乡亲们都很惊奇。服丧三年，鲁恭十五岁了，他与母亲、弟弟住在太学，关门闭户，专心致志地学习《诗经》。兄弟二人进步很快，都受到人们的称赞。官府知道鲁恭才华出众，多次敦促他到官府上任。鲁恭念怀弟弟年小，想让他先成名立业，借口自己身体不好，婉言谢绝。母亲知道其中情理，要他必须去。鲁恭没有办法，只好去了新丰，在那里教书。到了东汉章帝建初初年，弟弟鲁丕被举荐为方正之职，鲁恭才改变态度，当了一名郡吏。后人赞道：

讲诵无容后，功名不忍先。

虽云违母命，弱弟实堪怜。

【小议】 在复杂的社会生活及家庭生活中，兄弟之间要友好相处，确实不易。鲁恭关怀弟弟，在功名面前不愿居先，在当时确实会被人们称作高尚的行为。

为佣悟兄

郑均，字仲虞，东汉东平任城（今河北省任县）人，喜好黄帝和老子创立的道家学说。他哥哥是县衙一般官员，颇爱收取贿赂。郑均发现后多次劝谏，哥哥从不理会。为了唤醒哥哥的良善之心，郑均去外地做了一年多小工，回来后把挣的钱交给哥哥，想使哥哥有所感悟。他对哥哥说："钱物没有了，还可以再挣回来。做官为吏而贪赃枉法，那是不行的，一辈子会被人瞧不起，有时还会遭到世人唾骂。哥哥应当好好想想，我说的话对吗。"哥哥听了弟弟的话醒悟过来，变成一个廉洁奉公的官吏。后来哥哥去世了，郑均义无反顾，悉心养护寡嫂和侄子。时人见他做得很好，都赞颂不已。官府知道后特予征召。后来官至尚书。后人赞道：

岂有儒家子，甘心作贱佣？
阿兄诚可悟，钱帛力堪供。

【小议】郑均为劝哥哥为官莫贪，刻意外出打工，把自己靠劳动所挣的"干净"钱交给哥哥养家，用心良苦，可钦可敬。

感母赈弟

薛包，字孟尝，东汉汝南（今河南省汝南县）人。他小时聪明，品行高尚，不幸母亲早逝。父亲续娶之后，继母要分他在外居住。薛包昼夜哭泣，不愿离去，竟被继母殴打，他只好在门外边另建草房，以便能够栖身。每天早晨，他带着一颗善良之心，来到父母家洒扫庭院，但继母仍不容他，他只好在村边盖房居住，但仍早晚向父母问安侍候，从不怠慢。过了一年时间，父亲和继母感到有愧，才让他搬回家居住。父亲和继母死后，弟弟要求分家另住，他便将财产均分。至于奴婢，薛包先挑那些年老体弱者，理由是："这些人年龄大了，身体不行，不好做事，他们和我相处时间较长，彼此都很了解，你等不便使唤。"至于田地房产，他先挑那些荒芜破败的，理由是："这些是我小时候亲手种过的地，亲手盖的房，感情深，应当归我。"至于衣服器物之类，他先挑那些朽坏的，陈旧不堪的，理由是："这是我过去穿过用过的，都很珍贵。我再使用这些东西，仍感到特别舒服。"后来弟弟不争气，败了家产，他仍给以救助。后人赞道：

被逐何能去，庐门复里门。
破家诸弟侄，知否薛包恩？

【小议】宁让人负我，勿让我负人。薛包含屈仍侍奉父亲、继母，终于感化了他们。又体贴爱护弟弟，精神可嘉，值得称颂。

言不称老

胡广，字伯始，东汉南郡华容（今湖南省北部华容县）人。小时孤苦贫穷，早早地就会料理家务。后经刻苦努力，被推举为孝廉，历官司徒。进太傅录尚书事时年已八十，却头脑清楚，身体健壮。上有继母在堂，时时不忘敬奉。每天早晨问安，每天晚上探望。在继母身边时，从不坐几凳，不拄拐杖，不说自己年老的话。继母死后，他居丧尽哀，以礼而行，毫无欠缺之处。胡广性情恭敬谦和，通晓朝廷典章，虽无宁折不弯的气节，却有补足缺失的长处。京师曾以民谚传道："万事不理问伯始，天下中庸有胡公。"后人赞叹道：

恒言不称老，八十古尤稀。

继母方隆养，晨昏礼不违。

【小议】胡广自幼以孝为先，特别是老年娱亲，悉心侍奉继母，心诚意佳。对继母尚如此，对亲生父母更可想而知了，做儿女的，不可不思，不可不醒。

兄弟共被

姜肱，字伯淮，东汉彭城广戚（今江苏省徐州市）人。他有两个弟弟，一个名叫仲海，一个名叫季江，都以孝行著名乡里。他们兄弟彼此友爱，感情十分纯真，常常共被而眠。长大后，他们各娶家室，兄弟间情不得已，只好分开居住。有一次，姜肱和二弟季江到郡中拜访，晚上行路时碰上了强盗，要将他俩处死。姜肱疼爱弟弟，争着要先死，弟弟心里想着哥哥，也要求先死。强盗们不知干了多少坏事，可还从未见过面对死亡、争着先死的人，一时感悟，只抢走财物，而把他俩放走，没伤他们性命。到了郡中，官人见他俩狼狈不堪，追问是什么原因。姜肱未说出真相，借故搪塞一番。后来强盗得知姜肱在郡中没有揭发他们的罪行，既感动又后悔。姜肱与二弟返回时，强盗们特意在路上恭候，把抢走的财物如数归还。后人赞叹道：

居常共被眠，遇难争相死。
试问同胞人，几个能如此？

【小议】姜肱兄弟彼此情深，相爱至极，二人遇难，抢着先死，确实令人感动。“强盗”释放姜肱兄弟，又归还财物，这是“人性”所为啊。

鸡惟奉母

东汉茅容，字季伟，陈留（今河南省开封市东南陈留城）人。四十岁时在田间耕作，遇天气突变，下起了大雨，他无法回家，只好在树下躲避。和他年龄差不多的人都来躲雨，个个敞胸露怀，坐没坐相，站没站相，嘴里还在喋喋不休地谈论着。惟有茅容一人穿戴整齐，坐得端正，一点也不含糊。正在这时，博通精典、居家教授，有弟子千人的郭泰（字林宗）在此经过。一看茅容，知非等闲之辈，主动上前搭话，并提出想在茅容家住一宿，茅容痛痛快快答应了。第二天早晨，茅容杀鸡炖煮，郭泰以为要招待自己，谁知茅容把熟鸡分开，将一半送给母亲，另一半收了起来。对待郭泰热情相陪，吃的却是粗茶淡饭。郭泰明白茅容的心思，又知道他是个孝子，惊喜地说："你是个难得的贤才！我要和你交朋友，以后我们多加往来。如你愿意，请跟我好好学习圣贤之道。"后人赞叹道：

善人非践迹，居敬有茅容。
杀鸡惟奉母，得友郭林宗。

【小议】时时严格要求自己，敬奉父母，必将受到人们的敬重。郭泰乐与茅容交友，正是最好的说明。

扇枕温席

黄香，字文强，东汉江夏安陆（今湖北安陆）人。九岁时，母亲去世，他就一心侍奉父亲。夏季天气炎热，房间闷热，他每天都要先用扇子扇凉枕席，然后让父亲入睡；冬天天气寒冷，家里没有火炉，他总是先用自己的身体温暖被窝，为的是让父亲暖暖和和入睡。黄香的孝名传到太守刘护耳中，刘护爱民如子，便将黄香召进官府，收为门生，之后又送到京城洛阳。黄香用功学习之余，仍像以前那样奉养父亲，一时名声大振京师，人们称他为“天下无双，江夏黄童”。黄香为官，政绩显著，官至尚书令、魏郡太守。有一年，清河郡(治所在今河北省清河县)发生一起妖言惑众案，涉及上千人，按律都得杀头。黄香慎重处理此事，分别对待，只处治了几个首领，其余人无罪释放，这一举动，深得民心。后人以诗赞道：

一枕清凉一扇风，冬来冷被暖烘烘。

由来至孝天生就，莫笑黄香是幼童。

【小议】偶尔扇枕温席，也不是什么难事，可贵的是黄香能善始善终，把对慈母的眷恋相思，化作夏日里的扇扇清风，冬日里的夜夜温被，孝敬父亲。这种纯孝的天性，不能不令人肃然起敬。

卖身葬父

董永，东汉时千乘（今山东高青）人，幼时丧母。东汉末年，为避战乱，父子二人流落湖北安陆。不久父亲患病，他四处求医诊治，花光了所有钱物，可父亲还是离开了人世。董永十分哀痛，又无钱安葬，便决定卖身葬父。当地有个姓裴的财主，给董永一万文钱，约定三年孝满，即到他家当长工。一天，董永奉主家之命出外办事，途中遇一少妇，和他攀谈说："妾本某家媳妇，因夫家百般折磨，乘机逃出，郎君既然没有成家，我愿随郎君生活一辈子。"董永回来禀明主人，裴家便为他们主办婚礼，但要求他们织绢三百匹，作为替董永赎身的代价。少妇从事纺织，动作敏捷，远非常人可比，一个月内就织绢三百匹。董永这才脱去奴隶身份，与妻子过着自由自在的生活。不久，妻子却要辞他而去，说："我本是天上织女，天帝命我下凡救你，现在功成缘尽，就此分手。"说完就不见了。据说湖北孝感县因此得名。后人赞道：

古来孝德本无尽，竟使卖身去葬亲。
果否仙娥来助力，聊存佳话劝愚人。

【小议】看完这则故事，人人都明白这便是神话传说《牛郎与织女》的由来。而历史上确有董永其人，卖身葬父确实发生在他身上。透过这则故事，不难看出人们对品行高尚的孝子寄寓了多么深厚和美好的感情。

掘地寻仇

苏不韦，字公先，东汉扶风平陵（今陕西省扶风县）人。父亲苏谦为扶风郡督邮时，魏郡人李暠任美阳县令。李暠渔肉百姓，贪赃枉法，其他官员都不敢参奏。苏谦到任后调查了李暠的确切罪行，将其财产充没官府。苏谦升任金城太守后，触犯法规。当时法律规定，太守一级官员没有征诏，不得私自进京。苏谦因有急事，没有请示就私自到了洛阳。已升任司隶校尉的李暠将他抓起，逼死狱中。李暠的父亲李阜趁机又残害苏谦的尸体，发泄昔日的怨恨。苏不韦当时未满十八岁，恰被官府征诏，见父亲被害，忍痛扶柩归乡，发誓要为父亲报仇。李暠当时志得气扬，升任大司农之职。苏不韦与表兄潜入官署中堆房柴草的院屋之间，晚上暗挖地道，白天将身藏匿。一个多月后，将地道挖至李暠的寝室之下。李暠半夜起来去厕所，他们刚好进屋，杀死其妾。李暠又惊又怕，吐血而死。后人作诗叹道：

散财求剑客，掘地更开坟。
李阜头标市，鞭尸薄伍员。

【小议】苏谦刚正不阿反遭惨死，李暠贪赃枉法又得升迁，这只能是暂时现象。诗中三四句说苏不韦后来也掘了李阜的坟，报了仇，有像古时伍子胥一样的义气。旧时私家报仇，以暴易暴，被称作义举，这种封建愚昧观念，早已被今天的文明社会所否定。对此，我们应有清醒的认识。

自刎救姑

东汉河南（今河南省洛阳市）人乐羊子的妻子，不知是谁的女儿。一天，乐羊子在路上拾了一块金饼，兴冲冲地拿回家。妻子却不以为然，批评他说："有志之士不应拾取丢弃路边的东西，以求财利，这样才不至于玷污自己崇高的品行。"乐羊子便外出投师求学，一年后却想念家人，弃学回家。妻子拿剪刀走到织布机前，认真地说："机上的布是一丝一丝积累织成的，先织一寸，累寸不已，才成丈匹。现在剪断机上正在织的布，就不会织成一整匹了。你外出求学，半途而废，怎么能有很大的成就呢？"乐羊子顿然感悟，马上又去学习。后来，强盗入室，想侮辱乐羊子的妻子，却怕她不从，先劫持了婆婆。乐羊子妻操刀而出，强盗威吓她说："你答应我的要求，我决不伤害你；否则，就杀死你的婆婆。"乐羊子妻不甘受辱，举刀刎颈而死。强盗十分害怕，放掉婆婆，仓皇而逃。后人以诗赞道：

断机励我夫，操刀卫我姑。
人生当有立，何用费踟蹰！

【小议】乐羊子妻废金断机，激励丈夫求学上进，用心良苦。后来不甘受辱，刎颈救姑，性情刚烈，颇为感人。

怀橘遗亲

陆绩，字公纪，三国时吴国吴县（在今江苏省）人，小时聪明伶俐，人称“神童”。父亲在东汉灵帝时官居郡守，一天，去九江拜访世家大族袁术，陆绩随父同去。这时他仅六岁，对袁术的提问，应答如流。袁术破例给他赐坐，又摸着他的头对他父亲说：“这孩子秀外慧中，冰雪聪明，日后在文学上一定会有所成就。”随后让人端来一盘柑橘。陆绩吃了一个后，感觉味道鲜美，想到母亲平时喜爱吃柑橘，就悄悄拿了几个揣在怀里。起身告辞时，不料怀中的柑橘一个个掉在地上。袁术取笑说：“小儿郎是我家贵客，怎么还偷东西啊？”小陆绩不慌不忙地说：“我母亲平日爱吃柑橘，我见你家柑橘味道特别甜美，就带几个回家给母亲尝。”袁术及周围的人听了都很感动。后人赞道：

当年柑橘入怀日，正是天真烂漫时。
纯孝性成忘小节，英雄从古类如斯。

【小议】陆绩从小聪颖，后博学多才，注《易经》，官偏将军、郁林太守，做了不少大事，惟独怀橘遗亲这桩小事却传颂至今，可见人们对自然流露出来的孝顺之情是多么地看重。

哭竹生笋

孟宗，字恭武，三国时吴国江夏（治所在今湖北鄂城）人。小时父亲去世，母亲将他抚养长大，又将他送到南阳名儒李肃那里学习。临行前，母亲为孟宗缝了一床又厚又大的被褥，有人不解，问她原因，她说：“我听说在外游学的多是贫寒人家的孩子，我做大被褥，是让他们可挤在一起睡觉，让儿广结良友，早日成材。”孟宗对母亲也特别孝顺。一天母亲病了，茶饭不食，偶尔想吃竹笋。时值寒冬，无处寻笋，孟宗无奈，前往竹林抱竹痛哭。没想到奇迹出现了，只见几根竹笋破土而出。孟宗采回家做成羹汤，亲自喂给母亲喝，母亲的病很快就好了。孟宗后来任监池司马，职掌渔业，闲时自己动手编织鱼网，亲自捕鱼，制成腌鱼，让人捎给母亲。谁知母亲竟将腌鱼寄回，并写信责备他说：“你寄的鱼鲊，虽是你亲手捕捞腌制成的，但你身为渔监，能避瓜田李下之嫌吗？以后不要再这样了，只要你做个好官，我就心满意足了。”孟宗后官至司空，位列三公。后人以诗赞道：

一哭竟能笋骤生，严冬哪得望幻萌？
非常人有非常事，只要存心秉至诚。

【小议】孟宗母子相依。母亲做大被褥，儿子哭竹生笋；儿子捕鱼制鲊，母亲回信责备。母慈子孝，相得益彰。尤其是孟宗的母亲，为了儿子的成长，可谓操碎了心。从这位慈母身上，让人真切感到了“孟母三迁”的遗风，看到了良好的家教在子女成长道路上起着多么重要的作用。

能孝必忠

魏太祖曹操在兖州以东平叛时，毕谌为别驾，即刺史佐吏，出门时要另乘一车，说明有较高的地位。张邈叛乱时，劫持了毕谌的母亲、弟弟、妻子和儿女。曹操知道后，主动告诉毕谌说：“你母亲被张邈扣为人质，你可以去他那里，好顾全母亲。”毕谌以为曹操怕自己不忠，立即叩头，表明自己决无二心。曹操一听十分感动，并为其流泪不止。毕谌回到卧室，想起母亲一定在受苦受累，心绪不宁，难以安睡，前思后想，还是归顺张邈，希望母亲能平平安安。张邈后来被吕布击败，毕谌也被活捉，处境非常艰难。正在人们担心之际，毕谌又设法逃脱，又来投奔曹操。曹操不计前嫌，大声说道：“一个人如果能孝顺父母，乃是世间最高尚的美德；毕谌愿再次与我共事，真是求之不得，我非常高兴。”后来，曹操又让毕谌做了鲁相。后人赞道：

母被他人劫，何容不自归！
阿瞒能礼士，忠孝两无违。

【小议】阿瞒是曹操的小名，他抓住毕谌孝敬母亲这一关键，赞美毕谌品德高尚，与众不同；也说明曹操气度宽宏，知人善用，确实谋略不凡。

得母推财

孔礼，字德达，三国时涿郡容城（今河北省容城县）人。遭逢战乱时，孔礼与母亲失散，母亲下落不明，孔礼心里非常着急。过了一些时日，同郡的马台帮助孙礼找到了母亲。为了表示对马台的感激之情，孙礼把自己的全部家产送给马台。后马台触犯刑律，当判死罪，孙礼趁着方便，私自引其逃出监狱。接着，他俩四处打听，知道自己都难免一死，又一同返回自首，向官府表明衷肠。主簿温恢很同情他们，特向曹操禀报。曹操为人宽厚，遂将二人死罪均减一等。后来，孙礼又被任用，担任河间郡丞、荥阳都尉。后人赞道：

但得慈亲至，家财尽与人。

更膺逾狱罪，报德渺无垠。

【小议】孙礼为了母亲舍尽家财，旨在感谢马台，人们可以理解，他引马台越狱后又能自首，并转死为生，得益于朋友间的忠信情谊，和曹操所具有的体察入微、知人善用的政治家的胸怀。

失母心乱

徐庶，字元直，东汉末颍川（今河南省许昌市）人。他潜心钻研学问，精通儒家经典，与同郡人石韬志同道合，汉献帝初平年间，二人南行来到荆州，辅佐刘备。刘备当时兵败之后，徐庶的母亲被曹操劫走。徐庶闻讯心慌意乱，指着自己的胸口对刘备说："我本想与你同奔前程，建立称王称霸的事业，谁知眼前形势突变，我母亲被曹操捉拿，我心里如同刀割一般。母亲生我养我，恩重如山，在这个生死关头，做儿子的怎能袖手旁观？我的方寸之地已乱成一团，对你的事业已无力相助，你就放我走吧！"刘备十分理解徐庶此时此刻的心情，于是放走徐庶。徐庶到了曹营，又常常惦念着刘备，从没给曹操出过计谋，历史上流传的"徐庶进曹营，身在曹营心在汉"指的就是这件事。后人赞道：

邈矣徐元直，伏龙凤雏流。

母去心随去，平生事业休。

【小议】诗中的伏龙即卧龙，指诸葛亮，凤雏指庞统。是说徐庶和诸葛亮、庞统一样，都是有雄才大略的人，而诸葛亮、庞统二人人人皆知，流传百世，徐庶却因失母心乱，事业无成，实在可惜啊！

兵乱守母

司马芝，字子华，三国时魏国河内温（今河南省温县）人。小时聪明过人，酷爱读书学习。当时荆州发生战乱，他和乡亲们无法生活，只好出去躲乱。行至鲁阳山中，遭到贼人拦路抢劫，大家都十分害怕，有人抛弃老弱病残，自己逃命去了。惟有司马芝面对贼人，毫不畏惧，执意守护着母亲。山贼走上前来，举起大刀，猛一下架在他的脖子上，准备行凶作恶。司马芝见情况不妙，赶紧跪在地上求饶："我是儿子，死了不足可惜，可我老母年龄大了，希望你们高抬贵手，留给她一条活命。"山贼一听，心里很受感动，马上把刀放下，说道："你是个孝子，了不起，把你杀了，我们就不仁义，那怎么行呢？"说完就走了。司马芝保住了性命。后来，司马芝学业大有长进，曹操平叛荆州时，他被任为管长，后来又担任广平令。后人道：

兵乱正仓皇，奔逃老弱伤。
芝能坚守母，贼亦善刀藏。

【小议】自古以来，人们都十分重视人情和人性。倘山贼不念侍母之情，不讲孝心或善性，司马芝和母亲的结局，绝不会如此。

和协二母

陈武，字子烈，三国时庐江松滋（今湖北省松滋县）人。他任偏将军时，与儿子陈修英勇御敌，一同战死疆场。朝廷念陈修有功，追封为都乡亭侯。陈修的弟弟陈表，是陈武之妾所生，官为翼正都尉。陈修死后，陈表的母亲不肯与陈修的母亲和好相处，陈表劝说自己的生母：“哥哥本想成就一番大事，不幸早亡，我心里很难受。现在要让我主管家事，头绪多，担子重。我仔细想了想，敬奉嫡母是我必须做的，如果做不好，别人就会说闲话。母亲如果能委屈自己，成全儿子好好孝敬嫡母，我的愿望就会实现，大家也都高兴。若母亲想不通，儿子只好搬到外边去住，请别怪儿子不孝。”母亲听了儿子的肺腑之言，很受启发，主动与陈表嫡母亲善和好。后来，陈表因秉持大义，为国家效劳，先被任为偏将军，死后也被封为都乡亭侯。后人赞道：

嫡妾每相争，生男愈抗衡。
孰如陈表义，尽礼自和平。

【小议】古时官宦人家一夫多妻，嫡庶争宠，很难调和。陈表心存大义，秉持孝道，终使二母和好，令人钦佩。

以子易侄

张范，字公仪，三国时河内修武（今河南省修武县）人，太尉张廷的儿子。性情淡静，忽于荣利。曹操领军平定冀州时，派使者专门请他为官，他借口母亲有病，让弟弟张承替他应聘，曹操果然推荐张承为谏议大夫。张范的儿子张陵及张承的儿子张戬，被山东乱兵抓去，张范就直接走进乱兵住处，要求归还两个孩子。乱兵只归还了张陵。张范说："诸君归还我儿子，多谢厚情。按人情来说，我很爱自己的儿子，但我又怜念侄子张戬年龄尚小，请以我的儿子换回侄子。"乱兵被他这种爱侄胜子的大义所感动，就将两个孩子都放了。后人以诗赞道：

子侄被拘挛，追求请曲全。

还陵情甚厚，戬小我犹怜。

【小议】张范求得儿子，又晓之以理，动之以情，要求从乱兵手中以子易侄，权变中透出大义，诚恳中透出机敏。这种为人处世的品行，值得称尚。

追賊救母

追贼救母

鲍出，字文才，三国时京兆新丰（今陕西省临潼县新丰镇）人。关中饥乱时，把母亲留在家里，兄弟五人外出，采得几升蓬实，先让两个哥哥鲍初、鲍雅和弟弟鲍成拿回去，他和小弟继续采集。鲍初兄弟回家一看，母亲已被贼寇用绳子绑住手劫掠而去，他们又惊又怕，不敢营救。不一会儿，鲍出回来，闻讯后铤身而出，独自追上前去，一下子就杀死四五个贼人。贼寇惊醒过来，马上把他团团围住。鲍出冲跳出来，又杀死十几个贼人。剩下的贼寇十分惊惧地问："你杀我们是为什么？"鲍出将母亲用手一指，贼寇就赶紧上前，放了母亲。还有一位邻舍妇人哀声求救。鲍出又说："她是我的嫂嫂，为什么还不放开？"此时贼胆已破，又将那妇人放出。救出母亲之后，一家人转辗到了南阳。东汉献帝建安五年（201），鲍出领全家北归。行至山险路隘之处，他就让母亲坐在竹笼中，自己背着通过。后来母亲活到一百多岁去世，鲍出也已七十多岁，他十分哀痛，行丧如礼。后人以诗赞道：

力战追还母，归来仍独负。
朝廷得此人，早已歼群丑。

【小议】鲍出从贼寇中救出母亲，可谓奋不顾身，又能亲自背母亲过山，使母亲生活美满，长寿而终，尽了一个儿子应有的孝心，应该予以彰扬。

卧冰求鲤

王祥，字休徵，西晋初年琅邪临沂（在今山东省费县东）人。祖父王仁任三国时魏国的青州刺史，父亲王融终生不仕。王祥小时，母亲就去世了，父亲又续娶朱氏。朱氏生下儿子王览后，对王祥刻薄狠毒。寒冬腊月天，朱氏要吃鲜鱼，王祥就解开衣服，爬在冰面上，冰慢慢化解，从中突然跃出两条鲤鱼。王祥拿回家，供继母享用。朱氏又要吃黄雀肉，家中正好飞来几十只黄雀，王祥连忙结网，捕捉了几只，做成羹汤送给继母。王祥家里有棵李子树，果实快熟时，朱氏就让王祥昼夜看守。每当刮风下雨时，王祥无处藏身，就抱树痛哭，风雨渐渐停息了。王孝对继母的孝心，左右邻居都赞不绝口，都说他的孝心感动了天地，所以才会有求必应。后人以诗赞道：

冬月乡村鱼鲜见，王家逸事亦奇哉。
解衣竟向池中卧，泼刺双鲤跃上来。

【小议】据史载，王祥的父亲去世后，正值三国纷乱，王祥与弟王览带着继母避乱庐江，形同隐居，达三十年之久。朱氏去世后，王祥被徐州刺史吕虔聘为别驾，协助他管理州事，结果教化大行。时有歌谣道：“海沂之康，实赖王祥；邦国不空，别驾之功。”曹魏末年，他历任县令、大司农等职，皇上封他为“三老”。晋武帝时，又拜为太保，封为公爵，以九十四岁高龄终老。

谏母护兄

王览，字元通。生母朱氏对父亲前妻所生之子王祥处处刁难，十分刻薄。王览把王祥叫哥哥，每当看到母亲用鞭子毒打王祥时，年纪小小的王览就跑过去抱住母亲，乞求母亲不要再打哥哥。如果碰到母亲让哥哥做一些与情理不合的事情，王览总是抢着与哥哥一同干，以便替哥哥分劳。王祥长大后娶了妻子，王览的母亲对其妻百般虐待，尽让她干些又脏又累的活。后王览也娶妻成家。王览向妻子说明真相，王览的妻子就主动帮嫂嫂干活。母亲碍于情面，恶性有所收敛。后来，王祥刻苦好学，名声渐渐大了，王览的母亲又嫌其超过自己的儿子，就暗中做鬼，让人给王祥的酒中放进毒药。王览知道了真相，端起哥哥的酒杯要一饮而尽，王祥也争着要喝。王览的母亲一看大势不好，急忙上前夺过酒杯，把酒倒在地上。从此后，王览的母亲让王祥吃饭，王览总要先尝一口，王览的母亲怕毒死儿子，就放弃了这种企图。王览对王祥倍加爱护，名声仅次于王祥。王祥后来做官，王览也应官府之召，官至清河太守。后人赞道：

王祥诚尽孝，弟览更能恭。
阻笞兼阻鸩，慈母亦惺忪。

【小议】王览爱护哥哥，并能巧妙地阻止母亲施毒，这是明智的表现，也是兄弟至诚的结果。王祥以“卧冰”而荣登“二十四孝”榜中，而王览的手足之情也留下了千古美名。

枯野生芹

刘殷，字长盛，晋时新兴（今广东省新兴县）人。七岁时父亲去世，他极为哀痛，丧礼周备，胜过他人。曾祖母王氏年龄大了，深冬时节想吃芹菜，她没有说出自己的想法，十多天都不进食。刘殷不知道是怎么回事，一再追问原因，曾祖母才说出了自己的心里话。刘殷年仅九岁，当时已很有孝心，听了曾祖母的话，他不畏严寒，到山泽中去找。费了许多周折，还是找不到芹菜。他没有办法，只好跪地向苍天祈祷："我年幼无知，不幸死了父亲。现在和曾祖母住在一起，她对我很好。曾祖母已十多天不吃东西，只想吃点芹菜。可这寒冬时节，我却无法满足她老人家的要求，那怎么行呢？我向苍天祷告，望你能开恩，给我赐点芹菜，我则感激不尽。"不知不觉，地上已长出许多嫩绿的芹菜。刘殷急忙上前采摘，拿回家送给曾祖母，曾祖母非常高兴。到了晚上，刘殷梦见有人告诉他说："西边墙下藏有粮食，你去挖回家吧！"梦醒后，刘殷果然挖出了十五钟粮食，还挖出一块石碑，上面刻着："七年粟百石，以赐孝刘殷。"后人赞道：

冬月忽思芹，荒畦恸哭勤。
神明将劝孝，赐粟报刘殷。

【小议】这个故事旨在说明刘殷对祖母孝敬有心，品德高尚，规劝世人敬爱亲人，以孝为先。

不畏疠疫

庾衮，字叔褒，晋时颍川鄢陵（今河南省鄢陵县）人，明穆皇后的伯父。年少时勤劳俭朴，笃学好问，侍奉父母也十分周到。适逢灾年，瘟疫流行，两个哥哥相继病死，还有一个也染上瘟疫，呼出的气如同火一样，哥哥浑身难受，命在旦夕。瘟疫变得越来越凶猛，父母赶忙带着几个没病的孩子逃亡外地。庾衮主动提出留下来照顾哥哥。父母害怕他也会染上此病，要他非走不可。庾衮对父母说："我身体强壮，不会染上疫病。再说哥哥现在还活着，我应该照顾他。你们要走我不反对，但不要为难我，还是让我留下来吧！"从此后，庾衮一人服侍哥哥，白天黑夜都守在哥哥身边。父母为以防万一，早早替哥哥准备了棺木。庾衮看着哥哥病情没有丝毫好转，一见棺木就暗自落泪。经过庾衮的细心照料，一百多天过去了，他哥哥身体也好了。瘟疫过后，家人纷纷返回，一看庾衮和他哥还活着，大家都非常高兴。后人赞道：

正气充天地，何容疫气侵。
侍兄无倦色，庾衮实堪钦。

【小议】时疫大行，庾衮坚持留下来侍候病中的哥哥，使哥哥死里逃生，令人钦佩。

专意养兄

颜含，字宏都，晋时琅邪莘（今山东省胶南县）人。其父精明能干，曾为汝阴太守。其兄病死入殓装棺后，当晚托梦给妻子："我要复生了，赶快替我打开棺盖吧！"第二天早晨，颜含的母亲和其他亲人都说，他们也做了同样的梦。大家提出开棺，父亲却不同意。颜含希望哥哥能够复活，劝说父亲改变了态度，大家一起开棺。只见颜含的哥哥果然活着，只是呼吸甚微，大家十分高兴。喂了一个多月的粥饭，但人还是不能开口说话。母亲和兄嫂深感劳苦，产生了厌倦情绪。颜含自己亲自动手，精心照料，足不出户，守在哥哥身边，度过了难熬的日日夜夜，服侍哥哥十三年。后来父母相继病死，两个哥哥也离开人世，二嫂樊氏又双目失明，家庭担子越来越重。颜含却毫不气馁，把家务料理得井井有条。后人赞道：

阿兄死复生，虽生未能语。
扶侍十三年，拳拳竭心膂。

【小议】常言道："久病床前无孝子。"而颜含却十三年如一日，照看病中的哥哥，可敬可佩。

恸母目明

盛彦，字翁子，晋时广陵（今江苏省扬州市）人。母亲王氏有病，且双目失明，盛彦心里十分难受。官府多次召他做官，他一概谢绝，整日守在家里侍奉母亲。母亲吃的饭菜，他都做得香甜可口。有时母亲烦躁，常会迁怒于奴婢，不是斥责就是毒打，闹得家里无安静之日。奴婢怀恨在心，想寻机报复盛母。一次，盛彦刚出家门，奴婢乘机找来蛴螬，烤熟后让盛彦的母亲吃。盛彦的母亲不知是什么东西，吃了后觉得味道鲜美，但又怀疑是什么怪物，就藏了几个。盛彦回来一看是蛴螬，伤心地抱着母亲痛哭，差点断了气。没想到母亲双眼突然睁开，能看见一切。后人赞道：

母瞽尝亲哺，何堪离跬步。
偶去蛴螬来，恸绝翻成晤。

【小议】盛彦侍奉双目失明的母亲，饮食起居，细心安排，令人感动。而奴婢伺机报复，没想到歪打正着，使母亲重见光明，则更加令人深思。文中的蛴螬（qí cáo），是一种昆虫，俗称金龟子，生于土中，啮食植物根、块。

力辞王姬

焦华，晋时南安（今福建省南安县）人，西秦安南将军焦遗的儿子，对人态度谦和，对父母十分孝敬。有一年冬天，父亲病重，很想吃些鲜瓜。可大冬天，哪有鲜瓜可买？焦华没有办法，整天愁得饭吃不好，觉也睡不香。一次，他在梦中听见有人说道："听说你父亲病重想吃鲜瓜，我就赶紧给你送来了！"焦华激动地赶忙下跪，双手接过鲜瓜，高兴地笑了起来。刚一出声，便从梦中惊醒了，自己手中果然捧着香美异常的鲜瓜。焦华拿出献给父亲。父亲刚吃过几口，病就好了。后来西秦王乞伏乾归知道了此事，想把自己的女儿许配给焦华。焦华不愿高攀，说道："凡是娶妻之人，总想夫妇和睦，服侍好二老双亲。王姬乃富贵之人，怎能委屈下嫁给我这蓬茅之士呢？我家既无豪华的家具，也无丰富的佳肴。因此，我不能答应这门亲事。"乞伏乾归认为，焦华人品高尚，就让他当了尚书民部郎。后人赞道：

父病疗无术，通神梦得瓜。
王姬虽贵重，何足偶焦华。

【小议】焦华梦中得瓜，如同神话一样离奇；他拒绝娶王姬为妻，是为了更好地孝敬双亲。诗中的偶是婚配的意思。

双鹤助哀

吴隐之，字处默，晋朝濮阳鄄城（今山东省西南部鄄城县）人，长相英俊，善于言谈，爱好文史，有清雅的美名。十多岁时，父亲病逝，他的哀哭声引得路上行人也伤心流泪。从此后，他对母亲更加亲爱，特别孝顺。母亲去世时他极度悲伤，全不顾惜自己的身体。家里贫穷，他无钱请吹鼓手，每当他痛哭时，却有两只仙鹤飞来鸣叫。他家与掌管国家祭祀礼乐的太常之官韩康伯为邻，每当他哭泣时，韩康伯的母亲也难过得吃不下饭，也替他伤心。她曾告诉儿子："你日后若能当官，一定要举荐像吴隐之这样的孝子啊。"韩康伯后来做了吏部尚书，特将吴隐之予以援引，让他做了辅国功曹。后人赞道：

吴隐持清操，童年孝致哀。
时闻双鹤叫，邻母为徘徊。

【小议】孝敬父母的人，就能受到人们的爱戴与同情。吴隐之后来做官，反映了世人对他的敬重之情。

搏虎救父

杨香，晋朝时顺阳人，杨沛的女儿。十四岁时，随父到田里割麦子，突然一只斑斓猛虎“腾”的一下窜了过来，直扑杨沛而来。杨沛来不及逃脱，竟被猛虎一口咬住，向远方拖去。杨香惊骇之下，大喊有虎，可正值中午，田间无人。当时杨香赤手空拳，眼见父亲被老虎拖走，危急之中，忘记了自己的安危，就向老虎追去。老虎拖着人，行动不便，竟被杨香追上了。情急之下，杨香用左手掐住老虎的脖子，用右拳没命地朝老虎头部猛打。老虎也没料到杨香这么不顾性命，头被击疼，仓皇之间，口一松，丢下杨沛而去。此时杨香已筋疲力尽，浑身松软，瘫坐在地上。杨沛虎口余生，一下子抱住女儿，激动得抱头痛哭。邻近的乡亲赶来，围着杨家父女问长问短，纷纷夸赞杨香舍己救父的勇敢行为。后人以诗赞道：

虎衔父去真危急，女与虎争不顾身。
顷刻之间能解脱，奇闻奇事最惊人。

【小议】武松打虎借的是酒劲，李逵打虎靠的是狠劲，十四岁的少女赤手空拳，从虎口中救下父亲，用的是什么呢？恐怕是父女之间与生俱来的人间至孝之情吧。这在一般人心目中很难想象的事，杨香却做到了，这也是杨香能身入“二十四孝”的缘故吧。

不先尝李

王僧儒，南朝宋时东海郯（今山东省郯县）人，魏卫将军王肃的第八代子孙。五岁时，王僧儒就有超人的天赋，聪慧异常。初读《孝经》时，曾问老师："这本书说了些什么？"老师回答说："论'忠''孝'二事。"僧儒回答说："我要好好读这本书，把它运用到实际中去。"时隔不久，有人给他父亲送来了冬李，来人拿出一个让他先尝。僧儒不肯要，并认真说道："大人未见，不能先尝！"稍大后，僧儒更是喜欢书籍，经常发愤读书。家里没有好东西吃，他就给人家写文章，用所得的钱侍奉母亲。后人称道：

孩年读孝经，发问仰前型。
对客辞冬李，融梨此共惺。

【小议】王僧儒习学《孝经》学以致用，既是治学之法，也是养亲之道。孩童时，不先尝李，犹为世人称道。诗中的融梨，指东汉孔融让梨的故事。共惺：指王僧儒与孔融一样知理。

护父受伤

潘综，南朝宋时吴兴乌程（今浙江省吴兴县）人。孙恩攻破乌程时，潘综和父亲潘骠躲避战乱。行至中途，潘综因年老无力，被乱兵抓住。潘综就对乱兵说：“我父亲年老体弱，请不要伤害他。”乱兵就要来抓潘综。父亲不忍儿子被抓，就对乱兵说：“我儿尚且年少，自己本来可以逃走，现在为我不去，要尽孝敬之心。我已成朽木，在世上会有什么用呢？我不惜一死，请放了我儿。”乱兵举起大刀，要向潘骠砍下。潘综见状，猛将父亲抱在自己腹下。乱兵在潘综的头、脸上连砍四刀。有一人在旁说道：“咱们还要成就大事，处事应当慎重。这个人以死救父，如此孝子，为什么要杀呢？杀了孝子，对我们不吉利啊。”潘综和父亲因此保全了性命。太守王韶后来考察孝廉之士，听了潘综救父之事，就奏改潘综所居村为纯孝里，免除租布三年。后人以诗赞道：

父子避兵荒，年高困且僵。

儿身承四刀，贼亦惧非祥。

【小议】潘综护父，虽身受四刀，然终免于难，是纯孝之心救了他啊。诗中第二句的意思是：潘综的父亲因年老困于乱兵，将要被杀害。且：将要。僵：死。

兄弟相代

孙棘，南朝宋时彭城（今江苏省徐州市）人。弟弟孙萨服兵役时，因没按期到达，根据军法，被判入狱。孙棘乞求以身代弟。孙棘和孙萨幼时，不幸父母双亡，那时弟孙萨才三岁，全靠哥哥养护，此时怎能忍心再让哥哥代己受刑呢？便坚持说自己犯法，甘愿服罪受刑。二人相持不下。太守张岱怀疑他们不是真心，就将二人各置一处审问。太守先对孙棘说："现已问好孙萨了，同意你代他服刑。"孙棘听了，欣然接受。太守又对孙萨说："现在你哥哥同意让你自己服刑。"孙萨也乐得如此。张岱知道二人兄弟情深，便把实情上奏朝廷。没过多长时间，诏书来到，上面说："孙棘和孙萨是普通百姓，尚有如此品行，应辨别清楚犯罪情由，宽大处理。"后人以诗赞道：

爱弟推孙棘，而萨更怜兄。
谘详俱甚悦，相代果真情。

【小议】孙棘要代弟受刑，孙萨敬重哥哥，绝然自己赴法，这种人性之美、手足之情，特别珍贵。朝廷的处理也合情合法，既维护了国家法律的尊严，又彰扬了孙棘兄弟的深厚感情。谘（zī）：询问。

取财赎母

刘善明，南朝宋时平原（今山东省平原县）人。任海陵太守时，他督催百姓栽种榆树、茶树、果树等，百姓因此大获收益。魏攻克青州时，刘善明的母亲正好在那里，被虏掠迁移到代（今河北省蔚县）郡。刘善明闻讯后十分悲伤，布衣蔬食，就像有重丧一般。平日不好声色，身住茅屋。他小时也颇有品行，曾经说过："在家应当孝敬父母，做官应当清正廉洁，为子孙做个好样子。"此时身居郡守之职，知母亲被虏，却一反常行，喜欢接受他人财物。友人质问他，他流着泪说："为了母亲，我的心已乱作一团了，哪里还顾得上清廉啊！"他将得到的财物，全都用以赎回母亲。母亲回来后，他又变得清廉了。后人赞道：

本自持清操，无端母被俘。
得财方可赎，峻节谅难诬。

【小议】刘善明易行变节，受人财物，赎回母亲后又转身清正，这在以君权父权为核心的封建社会里，是可以理解的"孝行"。今人处太平盛世，为官必须清正廉洁，以免受到惩处。

孝友天至

刘沨，字处和，南朝齐时南阳（今河南省南阳市）人。父亲名叫刘绍，仕宋为中书郎。刘沨小时母亲去世，刘绍又纳路太后哥哥的女儿为继室。刘沨年仅数岁，路氏却不把他当儿子对待，时常与奴婢一样，遭受毒打，可他从不忌恨继母。路氏生有一儿，取名刘溓，长得精灵俊秀，刘沨特别喜欢。路氏后来有病，一年多不见好转，刘沨心地善良，昼夜守在继母身边，不离左右。继母病重，他涕泣不止，不吃不喝；若继母病情好转，他就破啼为笑，非常高兴。路氏得到刘沨的细心照顾，很受感动，从此后，对刘沨如同亲生儿子一般。她让刘沨与刘溓同吃同住同玩耍，一块接受教育。后来，路氏将全部家产分给刘沨一半。后人赞道：

身与奴为伍，翻将幼弟怜。

忘餐惟侍疾，慈母遂无偏。

【小议】俗言道：孝能感天地。刘沨侍奉继母无微不至，如同亲生，即使石头也会动情，更何况继母的善良之性呢！

济母置儿

王元规，字正范，南朝梁时太原晋阳（治所在今山西省太原市晋源镇）人，八岁时死了父亲，随母投奔临海郡舅父之家，又随吴兴的沈文阿刻苦学习，博通经传。王元规生性聪敏，对母亲也很孝顺。每逢早晚，他精心照顾母亲，不离半步。有一次，山阴县发了洪灾，眼看着住宅就要被水淹没，王元规赶忙划来一只小船，让母亲、妹妹、姑侄等人乘坐，准备找一个安全的地方栖身。由于船小人多，不能全部载上，他就让三个子女爬在树梢上，以便保全性命。大水退后，全家人又聚在了一起，欢乐无比。此事传开，人们都夸王元规好人好报，全靠孝行。王元规后来颇有成就，先仕梁为宣城王记室参军，在陈朝为国子祭酒，到了隋时，卒于东阁祭酒。后人赞叹道：

大水急奔流，吴船母妹浮。
树头儿女搁，顺德迓天休。

【小议】王元规遇事沉着，临危不惧，措施得力，保全了家人的性命。倘若没有良好的道德修养，此时处置不当，稍有不慎，全家人就会同遭灭顶之灾。迓（yà）：迎接。休：美善，吉庆。

感及禽兽

司马暠，字文升，南朝梁时河内温（今河南省温县西南）人。父亲司马子产，是梁武帝的姨表兄。司马暠十二岁时母亲去世，他已懂事，非常哀伤。一天入宫，梁武帝见他消瘦了许多，叹息很久，对司马子产说："我见暠儿面色憔悴，真叫人伤心！他这样孝顺母亲，说明你的家教确实好啊。"时隔不久，司马暠官为正员郎，兢兢业业，认真工作。父亲后来去世，他更加悲伤，在墓旁盖了茅草房守丧，一天只吃些粥饭，聊以维持生命而已。司马暠在这里守制三年，豺狼虎豹纷纷远去，却有两只斑鸠常来和他作伴，在墓旁的树上搭了窝居住，温驯善良，可爱至极。后人以诗赞道：

稚齿遽丁艰，何堪服阕孱。

鸠来豺虎去，孝德薄云山。

【小议】司马暠在墓旁守丧，豺狼绝迹，斑鸠常栖，是人们选取特殊事例对其孝心予以赞扬。而且司马暠身为皇帝亲戚，已经贵显，可对父母的孝顺却与常人一样，更加难能可贵。丁艰：旧时遭父母丧称作丁艰，也称丁忧。服阕：旧时父后死后，守丧三年，期满除服，称作服阕。阕，终了。

田间止雹

王崇，字乾邕，南朝梁时阳夏雍邱（在今河南杞县）人。从事田间劳动，勤劳俭朴，奉养二老。母亲去世时，他非常哀痛，头发纷纷脱落，拄着拐杖才能起身行走。母亲的灵柩暂时安置在村子西边，他在旁搭间小房，为母守丧。鸠鸟、鸽子常常成群飞来，栖息在他周围。其中一只小鸟，白色的羽毛，乌黑的眼珠，非常特别，住在王崇的小房里，昼夜不离。安葬母亲没多久，父亲又去世了，他更加悲伤。过了一段时间，天突降冰雹，所过之处，禽兽暴死，草木齐折，惨不忍睹。大风卷着冰雹经过王崇家田地时，突然停息了，他家的庄稼没有遭受一点灾害。官府知道了，以为这是王崇的孝心所致，即向朝廷奏闻，对王崇进行表彰。后人以诗赞道：

力穑奉高堂，哀哉殡宅荒。

人惊风雹恶，崇麦独无伤。

【小议】冰雹在田地之前突然停息，是一种常见的自然现象，正如民谚所说："雹打一条线"，与人事关系不大。但王崇的孝心还是应该肯定的。

代父得宥

吉翂，字彦霄，南朝梁时冯翊莲勺（今属陕西省大荔县）人。父亲为原乡令，被奸吏诬陷，问成死罪。吉翂当时刚十五岁，听说父亲将被处死，就乞求官府允许他代父而死。梁武帝见他年幼，怀疑是别人给他出的主意，就让廷尉卿蔡法度审讯，以查清实际。蔡法度审问吉翂，吉翂回答说："我虽愚幼，却不知死有什么可怕。我不忍心让父亲受到极刑，特请代父一死，这有什么不对呢？这是我自己的主张，与别人没有关系。"蔡法度又和颜悦色引诱，见吉翂终无异辞，只好作罢，如实向上作了汇报。武帝根据实际情况，免去了他父亲的死刑。此事传开后，丹阳尹王志欲将吉翂推荐为纯孝。吉翂却说："这就有点奇怪了，怎能将我的品行看得那么浅薄呢？父辱子死，理所应当。我若因此被举为孝廉，那就是因父买名，这比父亲受到侮辱还要让人痛心。"终不应举。后人以诗赞道：

上击登闻鼓，哀求代我父。
岂待受人教，天恩特温煦。

【小议】吉翂为救父亲，请求代死，举动超常，叫人感叹；后又不以救父邀名，不应孝廉之举，更堪赞美。

老翁示笋

刘灵哲，字文明，南齐时平原（今山东省平原县）人，光禄大夫刘怀珍的二儿子。官至齐郡太守。生母曾身患疾病，他便诚心祈祷。有一天晚上，他梦见黄衣老公对他说：取南山竹笋让母亲吃了，病就会好。梦醒后，他就上山采笋，果然治好了母亲的病。时隔不久，嫡母崔氏及侄儿景焕被魏国掠去，刘灵哲心里非常难受，布衣蔬食，不听音乐。父亲死后，他本可继承爵位，但由于嫡母和侄儿没有释放，他坚决予以回绝，并设法变卖家产，要赎回嫡母和景焕。经过一年多的努力，也未能如愿。武帝知道后，深表同情，替他向魏国求情。嫡母、景焕终与家人团聚。接着，让景焕继承了爵位，刘灵哲去兖州当了刺史。后人赞道：

母病医无术，南山竹笋嘉。
倾财求嫡侄，孝义达天家。

【小议】刘灵哲对母尽孝，对兄尊敬，震动朝廷，全家得以团圆，真是孝心有报啊！

比迹茅容

乐颐，字文德，南朝南阳涅阳（今河南省邓县东北）人。他为京府参军时，父亲在郢因病而亡。乐颐还没得到丧讯，可心里总感到要大难临头，心慌意乱，悲痛涕泣，赶紧请假回家。赶到半路上就遇到报丧的人，闻知父亡，大哭不已。处理完父亲的丧事，他将母亲接到官宅。自己因极度悲伤和过度劳累，不幸患病而卧床不起。他怕母亲知道心里难受，强忍病痛，从不言语，竟把牙齿也咬得粉碎。吏部郎庾杲和他关系很好，曾到家里探望他，看到乐颐生活俭朴，招待朋友时端上桌的饭食，只有枯鱼菜菹。庾杲嫌其不好，说："这种饭菜，我是不吃的！"乐颐的母亲听后，亲自端上好饭鱼羹，招待他，庾杲明白了乐颐的一片孝心，心里非常惭愧。后人赞叹道：

生悲知父险，忍痛冀娘安。
菜菹宾难咽，萱闱更授餐。

【小议】乐颐做了大官，却时时孝敬母亲。父亲病逝，他克制悲痛，强忍病痛，不愿在母亲面前露出半点哀伤痛苦之情，这种人间真爱，乃是做人的本份。茅容，东汉时人，靠耕读养母。事见前《鸡惟奉母》。标题"比迹茅容"的意思是，乐颐有和茅容一样的品行。萱闱，代指母亲。

侍宴取饵

徐孝克，南朝陈时东海郯（今山东省郯县）人，生性至孝，但家里很穷，父亲死后他设法葬埋，之后又奉养母亲陈氏。贼寇作乱，老百姓生活更加困苦，徐孝克连一碗粥也不能供给母亲。为了能够生存，他剃发为僧，到沙门中乞讨食物，再拿回家供养母亲。陈宣帝对他的品行评价很高，就让他当了国子祭酒。每当侍宴时，徐孝克不吃鲜美饭菜，不喝醇香的美酒，等酒席散了，他便从自己桌前的盘子里挑些菜肴端回家中。陈宣帝发现后，不知是怎么回事，便把此事记在心中。一次，陈宣帝向中书舍人管斌问及此事。管斌也不明白真相，遂问徐孝克，这才知道，他将这些饭菜带回家中，意在供养母亲。管斌深受感动，忙向陈宣帝禀报。宣帝听后也很受感动，立即下令，从此后，每次开宴前，先让徐孝克挑些最好的酒菜带回家奉养母亲。后人赞道：

长斋绣佛前，侍宴取甘鲜。

幸得君王察，朝来拜赐旋。

【小议】徐孝克不论遇上战乱还是贫寒，或身居庙堂之上，都时刻不忘敬奉母亲，这是为人之本，难怪宣帝对他也宠爱有加。

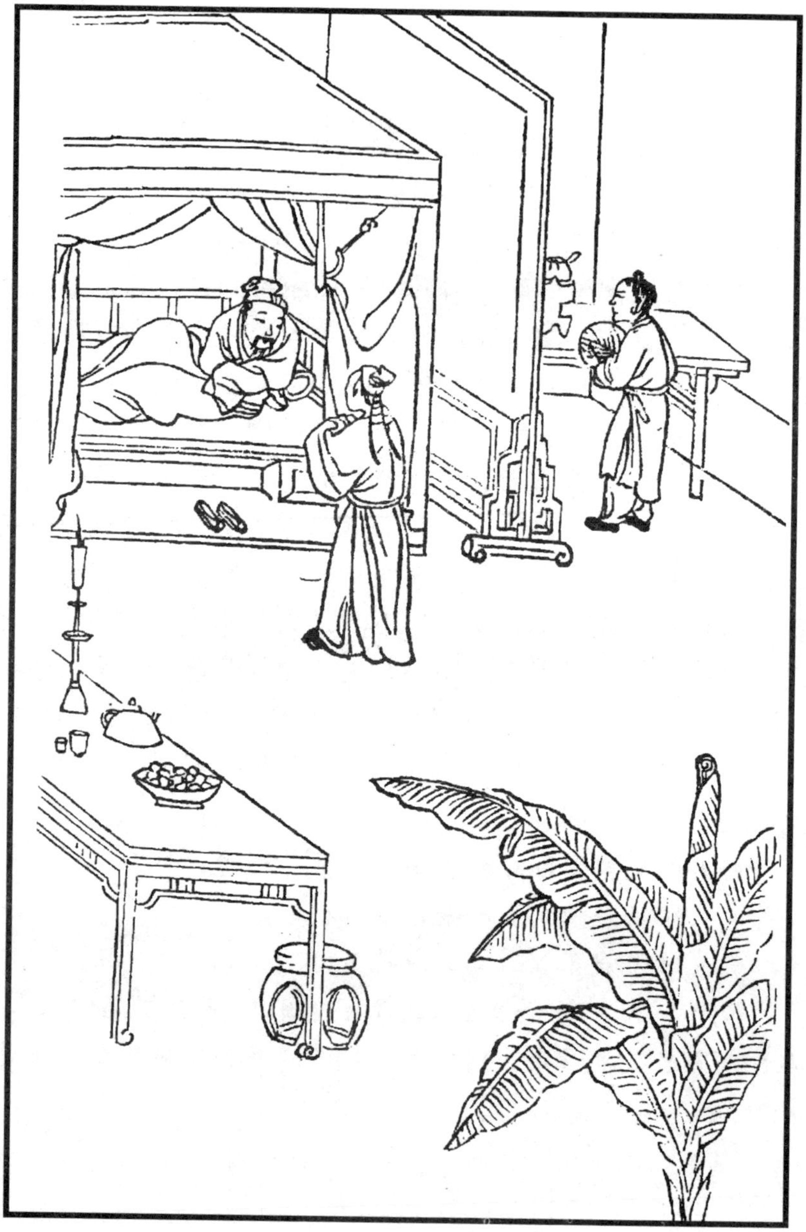

不食槟榔

南朝梁大臣任昉，字彦昇，乐安博昌（今山东省寿光县）人。在宋、齐、梁三朝为官，至义兴、新安太守。幼时好学，很有孝心。每当亲人生病时，他衣不解带，精心服侍；汤药饭食，总要先尝尝冷热如何，味道怎样，让病人吃得舒心。年长之后，王俭任丹阳尹，将他引为主簿。父亲去世后，他辞官守丧。父亲一生爱吃槟榔，临终前又提出这一要求，任昉剖了一百多个，父亲还说没吃到更好的。任昉也爱吃槟榔，想到父亲临终前说的话，他感到十分遗憾，从此后再也不吃槟榔。后人赞道：

汤药必先尝，椿萱痛未央。

居恒思所嗜，临殁剖槟榔。

【小议】任昉孝敬父亲，又因没有满足父亲临终前的要求，自己从此再不食槟榔，这既是他对父亲的一种纪念，也是对自己的一种鞭策，精神可嘉。任昉是南朝著名文学家，尤其擅长散文写作，时称“任笔沈诗”，是说任昉的散文写得好，沈约的诗写得好。

访丁公藤

解叔谦，字楚梁，南北朝时雁门（今山西省代县）人。一次，母亲身患重病，他在庭中祈祷，忽听空中有人说："你母亲这病，必须用丁公藤泡酒喝，很快就能治好。"解叔谦去问医生，医生也不认识这种药；查找《神农本草经》，里边也无记载。为使母亲能尽快痊愈，解叔谦出门求访。行至山中，远远看见有一老公，正在砍伐树木。他上前询问，老人答道："这是丁公藤，能治风湿病。"解叔谦忙向老人拜求，老人便给了他四段，并说明了用酒浸泡的方法。后来，解叔谦就用这种药为母亲治病，母亲的病果然好了。后人赞道：

哀祷明神牖，丁公藤作酒。
辛勤历远山，访得良非偶。

【小议】古时讲孝道的书不少，但书中多掺杂一些神异的事，目的是使一般目不识丁的人相信，从而推广孝道，这则故事亦是如此，我们应正确对待。

随鹿得参

南朝梁目录学家阮孝绪，字士宗，陈留尉氏（今河南省尉氏县）人，隐居不仕，却完成了一部重要的目录学著作《七录》。他年少时好学，熟通《五经》。曾去钟山听讲。母亲王氏有病在身，兄弟们想把他召回，母亲却说："孝绪至性冥通，必当自到，你们就不要麻烦了。"阮孝绪这些天确实感到心跳，心想可能是母亲有病，就急忙赶回家中，邻里都很惊奇。他请大夫给母亲治病，药中需要生人参。据民间传闻，钟山出产人参，得知这一线索，阮孝绪马上赴钟山探幽历险，一连找了几天，还是一无所获。正当犯愁之际，忽然看到一只鹿在前行走，心里顿然感悟，便悄悄跟在后边。没多大一会儿，那只鹿突然不见了，眼前却出现了人参。阮孝绪惊喜不已，掬参回家，赶紧煎药。母亲服用之后，药到病除，很快就恢复了健康。后人赞道：

萱堂方有疾，孝绪已惊心。
大药连朝觅，钟山鹿化参。

【小议】阮孝绪至性通冥，以及鹿能化参，虽属神异，但他为治母病而不畏艰险、必欲所得的精神，也能使人感受到他的一片孝心。

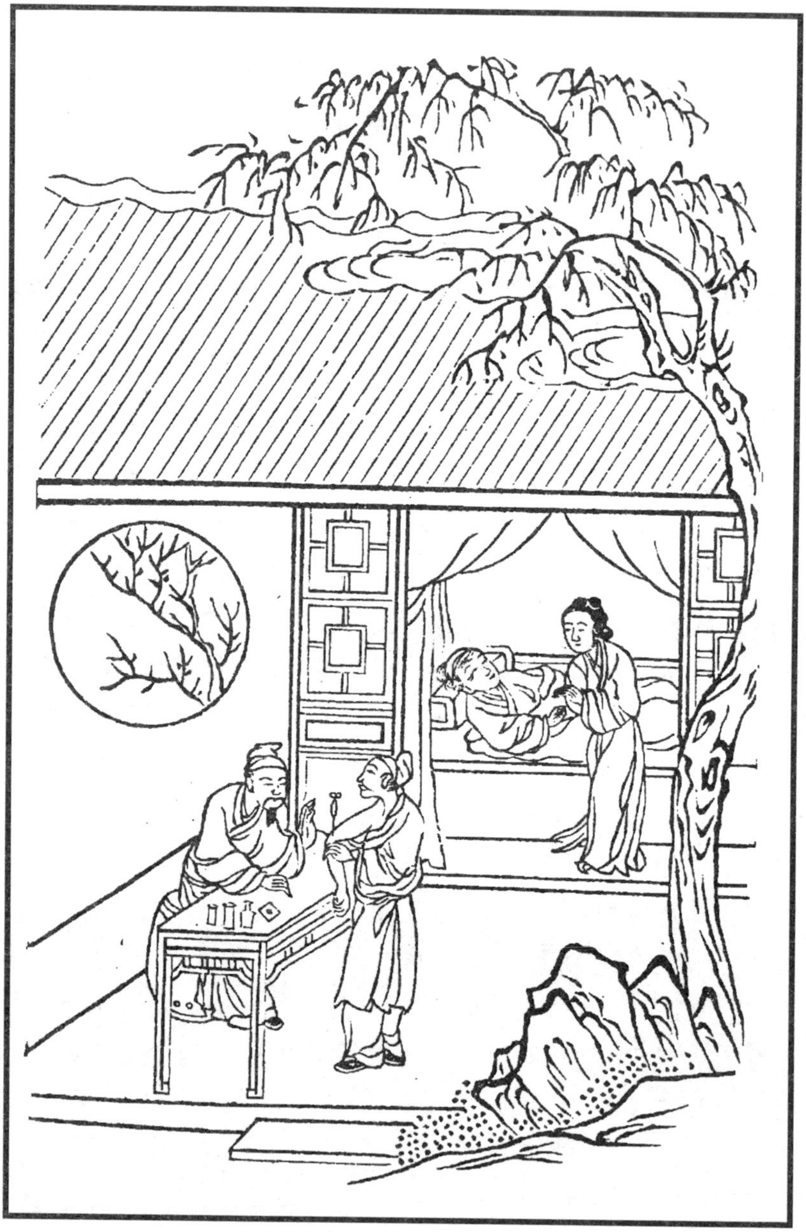

先试针灸

庾沙弥，南北朝时颍川鄢陵（今河南省鄢陵县）人，晋司空庾冰的玄孙。嫡母刘氏有病，一直卧床不起，庾沙弥从早到晚，精心服侍。每当给继母针灸时，他先在自己身上试好，以免出现差错。嫡母去世后，他非常伤心，好几天不吃不喝。嫡母生前爱吃甘蔗，嫡母死后他就不再吃了。官府为此向朝廷奏请表彰他的孝行，梁武帝认为他做得好，命他补歙县令，又迁官为邵陵王参军。到生母去世后，他扶柩还乡。当船行至浙江中流时，狂风忽起，大浪发作，船只将被颠覆。庾沙弥抱柩号哭，不久，江上风平浪静，船已安然无事。后人赞道：

在礼惟尝药，沙弥更试针。
佳哉甘蔗境，阿母向时歆。

【小议】沙弥试针，爱心至诚。抱柩号哭，而风息浪止，虽是自然现象的巧合，却从一个侧面反映了他的一片孝心。

食偩祖母

谢贞，字元正，南北朝时陈郡阳夏（今河南省太康县）人，散骑常侍谢蔺的儿子。祖母阮氏有风眩之病，每次发作，一两天不能吃东西。谢贞当时只有七岁，知礼明道，非常聪明。他见祖母不吃东西，自己也不吃，经常如此。其母王氏见儿子颖悟可爱，遂教他《论语》、《孝经》。每当领读完毕，儿子就能自己背诵。八岁时，他便作了一首《春日闲居》诗，舅舅王筠见了，非常惊异，说："这首诗已达到了'风定花犹落'的境界，可与诗家谢惠连并驾齐驱了。"后来，魏国攻克江陵，谢贞便来到长安，侍奉周武帝的弟弟赵王。赵王听说他独处时常涕泪涟涟，私下问明，才知道他母亲在家有病，很想和他见面。赵王立即上奏，武帝念其对母亲情深意厚，马上放他回家探亲。后人赞道：

祖母未能餐，孙儿忍举膳。
他日得尊官，讵复生贪恋。

【小议】谢贞幼时爱祖母，长大为官仍以孝顺母亲为本；周武帝乐于成人之美，二者相得益彰，怎不令人钦佩。

抱痛染衣

陶季直，南北朝时丹阳秣陵（今江苏省江宁县秣陵关）人。祖父名叫陶憋祖，曾为广州刺史。父亲名叫陶景仁，为中散大夫。季直小时聪明，祖父十分疼爱。有一次，祖父曾把四封银子放在案几上，让几个孙子各取一份。季直当时只有四岁，只有他没有拿，祖父追问原因，他说道："祖父有所赏赐，应该先给父亲、伯伯，不应该考虑我们做孙子的，所以我不能拿。"祖父一听，非常震惊。时过一年，母亲去世。季直非常伤心，就像成年人一样哀痛。母亲病故前，曾在外面染有衣物，母亲死后，家人才设法取回。季直知道了真相，便抱着衣服痛哭，听到哭声的人，也很伤感。季直长大后喜欢读书，淡于名利，官至望蔡县令、建安太守、太中大夫。为政清廉，造福百姓，死时家徒四壁。后人赞叹道：

四岁能让银，五龄背母亲。

染衣方取转，抱恸倍酸辛。

【小议】陶季直自幼聪明，孝敬母亲，此不全是天性所至，也与良好的家庭教育有关。

缚衣护柩

袁昂，字千里，南北朝时陈郡阳夏（今河南省太康县）人，雍州刺史袁颛的儿子。袁颛兵败，他才五岁，就被流放于晋安（今福建省安南一带），宋后废帝元徽年间，才得以返回。这时他已十五岁了。当初袁颛兵败，头颅放在建业（今南京）的武库中，用漆写上名姓，此时也被送还。袁昂见后，号啕大哭，口吐鲜血，昏晕气绝。苏醒后以泪洗漆，漆字全被洗掉，人们都很惊异。后官至豫章内史时，母亲去世，他辞官归葬，护送灵柩而行。船行至江中，忽遇大风，浪高水急，形势危急。袁昂便把自己的衣服与棺木绑在一起，发誓与棺同在。等到风浪平息后，别的船都沉没了，只有袁昂的船完好无损，人们都说这是他的孝心感动了天地。后人赞叹道：

滴泪堪融漆，联衣可镇潮。

袁昂多孝感，名德冠群僚。

【小议】泪洗漆没，缚衣镇潮，看似神奇，令人望尘莫及，但透过现象，反映出来的是袁昂对父母的一片赤诚之心。

扶持老兄

杨播，字延庆，北魏时华阴（今陕西省华阴市）人，为人纯厚谦恭，教子有方，两个儿子杨椿、杨津，互相敬重。每天早晨起床后，二人相对而坐，专心学习，互不干扰。吃饭时，有了好吃的菜，非要等二人到齐后才吃；晚上睡觉时，用帐子在中间隔开，各自就寝，安心休息。高兴时两人隔着帐子谈笑。长大后，各自成家，仍来往甚密。杨椿年老后，有一次外出喝醉了酒，一时很难回家。杨津主动将他搀扶回家，自己躺在旁边却不敢入睡，害怕影响侍候哥哥。到六十多岁时，二人都做了高官。为了照顾哥哥，每逢早晚，杨津都要询问哥哥情况，子侄们都站在身边。得不到哥哥的允许，他就一直站着。哥哥去郊外游玩，有时天色已晚还不回来，他绝不先端碗吃饭。后人道：

兄弟聚庭堂，雍雍笑语扬。

醉归扶侍久，白首共翱翔。

【小议】兄弟之间手足情深，互相敬重，兄让弟，弟敬兄，二人从小到老都是如此，堪为世人楷模。雍雍：鸟儿相互鸣叫。指和乐的样子。

庐墓保乡

华秋，隋朝汲郡临河（在今内蒙古自治区临河县）人。小时父亲去世，他精心侍奉母亲，以孝著称乡里。家中贫穷，他就替人做佣工，挣钱奉养母亲。母亲死后，他不梳头，不洗脸，过度悲伤，头发脱落。在墓旁建小房守丧，又背土堆坟，从不歇息。隋炀帝大业年间，官府征收狐皮，到处盛行打猎。有一只兔子被人追急了，跑进华秋守丧的茅屋，藏匿于他的膝下。猎人见此情形，很是惊异，就没有捉走兔子。从此以后，那只兔子常常来他的茅屋落脚，华秋也成了远近闻名的孝子。时隔不久，战乱纷起，盗贼们相约，不准扰乱华秋所在的村庄，以示对孝子的敬重，乡亲们也因此避免了战乱的侵害。后人以诗赞道：

负土成坟后，华秋孝德深。
兔犹依膝下，群盗忍相侵？

【小议】兔子生性温驯，最易与人相处，情急之下，依于华秋，又与华秋作伴，也算不上什么惊天动地的大事。惟盗贼也能慑于华秋的孝威，并使乡亲们免受侵害，这就说明华秋的孝心确实深得人心，被人敬重。

望云思亲

狄仁杰，字怀英，唐朝太原（今山西省太原市）人，曾任侍御史及宁州、豫州刺史。武则天当政初期，他任地官侍郎同凤阁鸾台平章事，被来俊臣陷害入狱，贬任彭泽令，后转任魏州刺史、幽州都督、内史之职。以刚正不阿、不畏权贵而著名。他力劝武则天立李唐后人为太子，又推荐张柬之等数十人为官，为恢复唐室尽心尽力。就是这样一位心怀高远、富于传奇色彩的贤臣，同样对父母特别孝敬。在他任并州司户时，一天，路过太行山，望见山上白云飘飞，不由思念起家乡的父母。他下马凝望天上的白云，叹息道："那白云之下，正是我父母居住的地方。遗憾的是我忠诚国事，在外做官，不能经常在他们身边尽孝！"说着泪如雨下。直到白云飘向远方，看不见了，他才策马离去。后人以诗赞道：

男儿有至性，思亲望白云。
旦夕何敢忘，父母养育恩。

【小议】古人云：忠孝难两全。是说在家奉养父母与在外忠于国事，难以同时完成。而狄仁杰在官推荐贤能，一代名相，恢复唐室，功在国家，而又时刻不忘父母养育之恩，望云思亲，可谓忠孝两全。当今那些在外娶妻忘娘、生子忘父、只图自己享乐的人，面对古人望云思亲，不知有何感想。

出妻合爨

刘君良，唐朝瀛州饶阳（今河北省饶阳县）人。刘家累世和睦相处，从没闹分裂。兄弟数人继承家风，出出进进如同手足，个个人都无私心。遇到荒年，刘君良的妻子有分家另过的想法，又知丈夫不会同意，暗中将树上两个鸟巢里的小鸟交换了一下，引起小鸟、老鸟争斗不息。人们一看觉得很奇怪，也弄不明白是什么原因。妻子便劝君良道："如今天下大乱，连禽鸟都互相争斗，各不相让，依我之见，你们兄弟好几个，还是早点分家，各自为生，免得以后留有后患。"君良当时不明真相，表示同意。分开后一个多月，刘君良才知中了妻子的计。当天晚上，他抓住妻子大声怒斥："你破坏家庭和睦，你是个奸贼！"天亮后，他便把妻子休了。兄弟几个又高高兴兴地住在一起。不久，附近的盗贼又猖狂起来，数百家乡亲为了安全，都自动归附于刘君良兄弟，将他们居住的地方，叫做义成堡。后人赞道：

兄弟原同气，妻孥各异心；
鸟巢奸计破，邻里保无侵。

【小议】古时人们羡慕几世同堂的大家庭，以兄弟妯娌亲善和睦为荣，视分家为败坏家风的耻辱之事，因此就出现了刘君良出妻之类的事。爨（cuàn）：灶。

遭谗不辩

崔衍，唐朝安平（今河北省安平县）人，左丞崔伦的儿子。继母李氏心怀嫉恨，对崔衍不够仁慈。崔衍长大后做了富平尉，当时父亲崔伦出使吐蕃，过了很久回到家中。李氏穿着破烂衣服向丈夫诉苦，说崔衍不给她吃，不给她穿，日子过得十分艰难。崔伦听后大怒，召来崔衍责问，并命其脱去衣服，用鞭子在背上抽打。崔衍知道是继母告了黑状，自己虽遭毒打，却始终没说真话。崔伦的弟弟崔殷突然跑上前来，用身子挡住崔衍，主动要替侄子受刑。崔伦感到奇怪，只见崔殷大声说道："崔衍每月将俸钱都送给我嫂，从不乱花，这事我知道。"崔伦一听，方才罢手。崔伦死后，崔衍并不忌恨继母，处处为继母着想。继母所生儿子崔郃常向崔衍讨钱，且向崔衍写了契书。每到岁末，崔衍还得替他还债。崔衍受苦受累，妻子儿女的衣食也少得可怜，他却毫无怨言。后人叹道：

已竭承欢力，遭谗忍自陈？
多多偿弟债，愧煞阋墙人。

【小议】 崔衍忠厚孝顺，对待继母不计前嫌，忍辱负重，悉心奉养，令人称道。阋（xì）墙：指兄弟在家中争吵。

贬恐惊亲

唐朝衡州刺史曹王皋爱护百姓，颇有政绩。湖南观察使辛京杲因嫉妒而诬陷他触犯王法，结果曹王皋被贬到潮州。杨炎知道曹王皋为人耿直，入相后又将曹王皋提拔为衡州刺史。当初曹王皋被贬时，担心母亲年老受惊，在外时穿着囚服，回到家再换上官服；虽是被贬潮州，他却说成是被提升，向母亲拜贺辞别。这次回任衡州，他还未将消息传回家中，母亲已前来祝贺。曹王皋赶忙下跪，说了真实情况。后人赞道：

贬谪亦寻常，萱闱或恐伤。

垂鱼朝夕见，此意最周详。

【小议】曹王皋遭诬陷被贬，为了不让母亲伤心、担惊受怕，便隐瞒事实真相，可谓用心良苦，令人感叹。垂鱼：唐朝的一种官制。五品以上官职佩带银鱼袋，三品以上官职佩带金鱼袋。诗中后两句意指：曹王皋在朝中任职时，时常回来探望母亲，让母享受儿子在朝做官、志得意满的荣耀，他对母亲的情意，考虑得多么周详。

舆亲避乱

牛徽，唐朝安定鹑觚（今甘肃省泾川县北）人，太子少师牛僧孺的孙子，官吏部员外郎。黄巢起义进攻京师时，牛徽的父亲牛蔚得了疾病。牛徽和儿子知道后，随即雇了竹轿恭迎父亲。行至山中险狭之处，从路边窜出几个盗贼，将牛徽的头部击伤，当时鲜血直流，牛徽则一直拉住父亲乘坐的竹轿，不离开半步。贼人穷追不止，牛徽忍住伤痛，苦苦哀求："我父亲年老体弱，不幸又患了重病，我们准备接回去治疗，一点也不敢惊动。你们对自己的父亲难道没有孝敬之心吗？希望你们能体谅我的苦处。"贼人一听，受到感染，相互说道："这是个孝子啊！"接着将牛徽一行请到住处，包扎好伤口，并送上钱物。牛徽因此将父亲救护出来。后人赞道：

狗鼠郁纵横，篮舆捧父行。

血流山谷内，群盗感精诚。

【小议】牛徽被盗贼击伤，仍念念不忘父亲的病痛，品德高尚，令人钦佩。篮舆：竹轿。

得祖母欢

刘审礼，唐朝彭城（今江苏省徐州市）人，同州刺史刘德威的儿子。年少丧母，由祖母元氏抚养长大。隋朝末年，刘德威跟从裴仁基征讨作战，道路不通，音讯断绝。刘审礼年未弱冠，自家乡背着祖母，渡江避乱，吃尽苦头。天下大定后，他又带着祖母西入长安，祖母如果有病，他就亲尝汤药，精心护理。祖母看到这一情景，激动地说："孙子孝顺，对我体贴入微。每当我想到这一点时，心里高兴，老病根就觉得好多了。"到了太宗贞观年间，刘审礼已在京做官，任左骁卫郎将。父亲去世后，他辞官归葬，跣足扶柩而走，流血满地，却毫不在乎。朝廷下令要他继承父亲的爵位，他一再表示让给弟弟。后人赞道：

负戴避兵荒，微疴药必尝。

慈亲怜孝顺，顾念疾旋忘。

【小议】刘审礼身背祖母避乱，有病尝药，体贴入微，以至于祖母一想到这，身上的病痛就好像减轻了许多。这种对老人无微不至的关怀，每个做晚辈的，都应该学习。

解冤奔走

裴敬彝，唐朝绛州闻喜（今山西省闻喜县）人。小时聪敏过人，七岁时就能看懂文章。十四岁时，侍御史唐临为河北巡察史。敬彝父亲名叫智周，当时为内黄令，被部下讼告。敬彝来到唐临那里据理以驳，大陈父冤。唐临一听非常惊奇，立即宣布智周无罪，并推荐敬彝任官。智周在任时，突患重病，不幸去世。敬彝此时已在长安，忽然心慌，预感不妙，泣涕不食，并告诉亲近的人说："父亲每有疾病，我就感到不安。今天有点心痛，手足无力，实在不测，莫非是父亲去世了？"他赶忙请假回家，父亲果然不在人世。他悲痛欲绝，哀毁过礼。父亲去世后，他一心侍奉母亲，受到人们的好评。后官至监察御史。后人赞道：

父冤儿释冤，父痛儿知痛。

请告疾驰归，果得凭棺恸。

【小议】从生理学和心理学的角度考察，亲人或挚友生活中有时发生的意外之事，可能会与自己的预感不谋而合，这其中是否有一定的科学道理，现在还难以找到答案，我们应正确对待，认真分析。

母病心痛

张志宽，唐朝蒲州安邑（今山西省夏县西北）人。父亲去世后，他伤心过度，消瘦了许多，人们都说他是个孝子。王君廓领兵掠地，也不进他家所在的村，村里一百多户人家免遭劫难。后来，张志宽当了里正，有一天他告诉县令，说他母亲有病，需请假探望。县令追问是怎么知道的，他就以实相告："我母亲有病，我也会有病；我现在心痛，说明母亲身体不好。"县令认为这是胡说八道，下令把他绑了起来，关在狱中，暗中派人到他家调查，发现他母亲确实病了，十分感动，随即放他回家看望母亲。母亲去世后，他负土堆坟，并在墓侧种植松柏，寄托自己的哀思。后人赞道：

扰攘兵戈际，风声护井间。
痛心知母病，请急谅非虚。

【小议】张志宽敬侍父母，孝名远扬，使村里一百多户人家免受兵火之祸，德莫大焉！诗中"风声护井间"意为：他的孝名远扬，使得乱兵也不忍心祸害他所在的村庄。

顺母节哀

任敬臣，字希古，唐朝棣州（治所在今山东省阳信县）人。五岁时母亲去世，他哇哇哭号，稚气的脸上充满哀伤的悲情。七岁时他问父亲任英："人怎样才能报答父母的养育之恩？"父亲回答道："扬名显亲，最为可贵。"他将这句话牢记于心。后来他刻苦钻研，用心读书，进步很快。汝南（今河南上蔡县）人任处权见了他的文章，惊异地说："昔日孔子称扬颜回的贤慧，认为自己比不上；我非古人，今见这个孩子在文中表现的志向，我也确实赶不上啊！"于是推荐任敬臣为孝廉，任校正书籍的正字之职。父亲去世后，他好几次哭晕了过去。继母不忍心他过度悲伤，多次劝说："你连做丧礼的气力都没有了，这能说你孝顺吗？"他接受了忠告，这才吃些粥饭。后官至秘书郎。后人以诗赞道：

五岁天然孝，扬名志显亲。

父终将殒绝，饘粥节酸辛。

【小议】任敬臣不忘父亲的教导，刻苦攻读学业，终成大器。又能接受继母的劝告，适当节制自己丧父的哀伤之情，表现了他尊重长辈、和睦家庭的良好品性。

绝意婚宦

李源，唐朝太原文水（今山西省文水县）人，礼部尚书李憕的儿子。安禄山叛乱时，李憕被叛军杀害。李源当时才八岁，叛军将他掠去，当作奴隶使唤，过了一段时间，父亲的同僚用钱设法将他赎出。后来，唐代宗知道此事后，特授他河南府参军之职。因父亲死于叛军之手，对他刺激过大，因此他既不愿做官，又不愿婚娶，也不吃酒荤。他沉情于丧父的悲哀之中，父亲原在惠林佛祠住过，他便也居住在祠里。每次经过父亲原来住过的房子，他都十分恭敬，小步快走而过，就像父亲还住在里边，害怕惊醒打扰父亲一样。唐穆宗长庆年间，李源已经八十岁了。宰相李德裕向朝廷推荐他，皇帝便授他左谏议大夫之职，赐佩绯鱼袋，并派使者带着官服和二百匹丝绢，前来宣诏他。李源再三陈说自己年纪已老，身体不好，不能胜任官职，也没有接受丝绢等物。后人以诗赞道：

父死诚忠烈，儿心总泣血。
只依旧墅居，悲哉婚宦绝。

【小议】李源被赎回后，经常为父亲之死悲痛，后来又不愿婚娶，不愿做官，可见战乱与丧父对他的打击，是多么深痛。

露集乌翔

林攒，唐朝泉州莆田（今福建省蒲田县）人。唐德宗贞元初年，他官福唐县尉。母亲在家年老体弱，他还没来得及接到自己身边，母亲就得了疾病。林攒知道了，立即弃官还乡。母亲去世后，他悲痛哀伤，好几天咽不下饭菜。他用砌墓剩下的砖块在墓旁盖了简易的房子，居住守丧，日夜不离。时常有乌鹊飞来绕行，不忍离去；又有甘露降于房上。乡亲见了，认为这些吉祥的事物都是他的孝行感召来的，就报告了官府。官府即派人查验，要看是否真实。谁知事有不巧，甘露已被日光晒干。官差见了，认为林攒有意欺瞒官府，要判他欺罔之罪。乡亲们吓得脸都变了颜色，林攒边哭边说："这难道是上天做对，要降祸于我吗？"话音刚落，甘露又显现了，白乌鹊也飞回来了。朝廷派来之人一看是真，便在林攒母亲的墓前树立了两座石阙，以彰扬他的孝行。后来，人们就把这个地方称作"阙下林家"。后人以诗赞道：

辞官奉母归，庐墓致多机。
按察伻来验，乌翔露未晞。

【小议】墓前再次出现甘露，即甜美的露水，古人认为是天下太平的一种吉兆，并将其归之于林攒的孝行感动了天地，予以表彰。甘露是一种自然现象，我们今天应予正确理解。机：旧时迷信的人相信鬼神及祥瑞之事称作机。伻（bēng）：使，使者。

忠孝尽礼

郭曜，唐朝华州郑县（今陕西省华县）人，中书令郭子仪的长子。小时孝顺恭敬，谦洁谨慎，颇得亲人喜爱。郭子仪出兵征战后，让他管理家事。他年纪不大，本事却不小，把千余人口的大家庭管理得井井有条。作为再造唐室的中兴第一名臣的长子，郭曜没有纨绔子弟固有的傲气与堕落习气，仍勤勤恳恳，忠于职守。事实上，他的弟弟们都把自己的住房装饰得富丽堂皇，出门又乘坐豪华车马，但还不够满足。郭曜却我行我素，俭朴持身。后官至太子宾客、太子少保。郭子仪去世后，郭曜遵照父亲的遗愿，把四朝皇帝赏赐他家的车马珍玩，全部献给德宗皇帝。德宗又赏赐给郭曜。郭曜不爱钱财，把这些东西分给了弟弟。郭曜以礼为父亲守丧。丧期未满时得了病，有人劝他吃些大葱韭菜就可以治好，他以未除丧服，丧期不吃味重食品的孝规为由，没有听从。后人以诗赞道：

珍玩献君王，池馆任昆弟。
寝疾不茹葱，勋贵能守礼。

【小议】勤俭守家，忠孝两全，最令父母称心。郭曜生于豪门，身居高位，尚能如此，堪称可贵。

因赦减租

汪廷美，宋朝婺源（今江西省婺源县）人。为人孝顺敦厚，与族里人和睦相处，数十年聚族众二百余口。每天早晚吃饭时，如有人未能按时来，其他人也不先动筷子。汪廷美平时节俭，不尚奢华。身上穿的是粗布衣服，没有祭祀活动，决不吃肉食；每当为亲人举办丧事，他守礼尽哀，拒绝接见客人；遇到父祖去世的忌日，他家门不出，在家中斋肃。宋大中祥符年间，朝廷赦减天下赋税十分之二，他也减去佃户十分之二的地租。村中有人偷走他家的鹅，问其原因，那人说夏天快要到了，想用鹅祭祀祖先。汪廷美知道此人家寒，不但没有怪罪，却认为他有孝心，又送给他许多美酒。子侄诸孙有了过失，他不轻易训斥，却给他们讲古往今来的道理，让他们自醒。后人赞道：

合族情俱洽，持躬礼必遵。
佃租随赦减，无愧义居人。

【小议】减免租粮，在古时被称作义举，广为传颂。汪廷美既孝顺兄长，又亲善乡人佃户，这在当时确实是受人称尚的美德。

保兄如婴

北宋司马光，字君实，陕州夏县（今山西省夏县）人，仁宗宝元年间进士，历任龙图阁直学士、翰林兼侍读学士，后为宰相，封温国公。他与哥哥司马伯康感情深厚。哥哥将近八十岁时，他视若严父，时时照料，精心侍奉，就像养护婴儿那样周到。每当吃饭时，他不停地问哥哥："哥哥，吃得可口吗？"每到冬天时，他总要摸其脊背说道："哥哥穿得衣服是不是有点薄了？"后人赞道：

人生惟老小，扶侍无容少。
时刻问饥寒，温公兄弟渺。

【小议】诗中的渺：指司马光兄弟情意深长。同样是这个司马光，从小就有过人的智慧和胆识。七岁那年，有一次与小朋友在庭院中玩，一小孩不小心掉在水缸里，眼看就要淹死，别的小孩都吓跑了，只有司马光镇定自若，搬来一块石头，砸碎水缸，救出小孩。做了宰相后，仍细心照顾年老的哥哥，自始至终。这种手足之情，同样值得后人效仿。

回家见佛

宋朝人杨黼，性情善良又好佛，特别仰慕蜀中（今四川省）无际大士，专程前去拜访。行至途中，遇见一位老僧，他就打听情况，并说明自己要去的原因。老僧一听，认真说道："见无际还不如见佛啊！"杨黼感到奇怪，马上追问："佛在什么地方？我怎样才能见到呢？"老僧回答："你快回去，见到披着衣服、倒穿着鞋的人，那就是佛。"杨黼见老僧年高，给自己指出正道，转身返回，暮夜至家。母亲听到儿子的叩门声，高兴地披着衣服倒穿着鞋就来开门。杨黼看见母亲的样子和老僧所说完全相同，由此受到启发，尽力侍奉亲人，人称其孝。后人赞道：

世俗争求佛，安知佛在家。
高堂勤供养，真实理无差。

【小议】老僧称杨黼之母为"佛"，可见佛家也是提倡孝敬老人的。这才是"佛"的真旨。这对那些口中念"佛"而不孝敬老人的人来说，乃是一种有力的鞭斥。

每食舍肉

欧阳守道，字公权，一宇迂父，宋朝吉州（今江西省吉州县）人。少时孤贫，没有老师，便刻苦自学，进步很快，成绩突出。村里人羡其有才，遂聘为子弟的老师。主人供他吃饭，每次都有肉菜。他怜念母亲在家无肉可吃，自己便不吃肉，却悄悄把肉菜给母亲带回去。主人见他颇有孝心，即准备了两个器具来回装用。每到吃饭时，先装好饭菜，派人给他母亲送去，他这才肯吃。邻里的老婆孩子们知道后，都很受感动。在他未满三十岁时，就以德行高尚而被尊为乡郡儒宗。后来又荣登进士，为秘书郎之官。后人赞道：

阿母食无肉，讵忍先充腹？
主人驰送归，里媪咸钦服。

【小议】欧阳守道因母亲在家无肉可吃，他在别人家吃饭也不吃肉。在衣食上如此挂念母亲，其它方面也可想而知。这种尊老爱老的精神，自然会得到别人的好评。

梦得父书

唐伯虎，字长儒，宋朝眉州丹稜（今四川省丹稜县）人，研习《易》、《春秋》，皆有独到之处。父亲去泸州游玩散心时，他和弟弟因居母丧而在丹山。有一天半夜，他在被窝里伸脚蹬醒弟弟，告诉弟弟说："我刚才做了一个梦，收到父亲寄来一封信，里边只有'亟来'二字，莫非是父亲有什么不幸？我想了想，你在这里祭奠母亲，我去泸南去看父亲。"天还没亮，他就起身。先到洪川，然后乘船行了三天半，终于到了泸南。父亲果然有病，一见伯虎到来，惊问他是怎么知道的。伯虎叙说原委，父亲认为是天神相告，心情愉悦，病就轻了许多。接着，伯虎又准备舟船侍父亲而归。回到老家住了几天，父亲的病又复发了，不幸去世。乡亲们都说伯虎是个孝子，没有让父亲死在外边。后人赞道：

孝弟通神明，书来梦自惊。
扁舟归棹急，犹得返宗祊。

【小议】客死他乡，是古人十分忌讳的事，儿女也会因此背上不孝的骂名。唐伯虎以梦断事，日夜兼程，扶父回乡，使人在惊异之余，更加称尚他对父亲的赤诚之心。这个唐伯虎并非明代大才子、江南四才子之首的唐寅唐伯虎，但他的孝行却同样让他留传百世。

福

弃官寻母

朱寿昌，字康叔，北宋扬州天长（今安徽天长县）人。生身母亲刘氏，是父亲朱巽的小妾。父亲的正房太太因自己没有儿子，生性妒嫉，不断虐待刘氏。朱巽平时就怕太太，又听信谗言，竟狠心将刘氏赶出家门。当时寿昌只有七岁。刘氏离开朱家后，迫于生计，忍辱改嫁他人。从此，儿子与母亲天各一方，毫无音讯。自母亲离家后，寿昌整日思念，常常在夜间哭醒。长大后，他步入仕途，为了找到母亲，吃饭时，从不摆酒肉，每次与别人谈及母亲，都泪如雨下。宋神宗熙宁初年，朱寿昌已五十多岁，决然辞官寻母。他对家人说："此次出去找不到母亲，今生今世决不回家！"他记得母亲离家时，父亲正在陕西做官，就一路西行，来到陕西寻母，没想到在同州（治所在今陕西大荔县）巧遇母亲。母子二人从分手到相遇，已经过了将近五十年，这时母亲已七十多岁。寿昌高兴地将母亲一家接到自己家里，精心侍候母亲和继父，极尽孝道。后人以诗赞道：

解组挂冠为寻母，芒鞋竹杖遍天涯。
针引磁石巧想遇，迎养归来锦上花。

【小议】朱寿昌弃官寻母，精神可贵，又将母亲一家接回悉心奉养，更令人称尚。他的孝行在当时影响很大，当时大臣、名士如王安石、苏颂、苏轼等争相写诗作文，赞美他的品行。朱寿昌后官至司农少卿、朝议大夫，迁中散大夫，成为忠孝两全的典型人物。

亲涤溺器

黄庭坚，字鲁直，号山谷，北宋洪州分宁（今江西修水县）人。从小聪明颖慧，读书过目不忘。一天，他的舅舅李常在书架上随便抽出一本书，向他提问，黄庭坚对答如流。李常十分惊奇，称赞他的学业真是“一日千里”。英宗治平年间，他考中进士，神宗时，任国子监教授。黄庭坚在文学上成就颇高，与张耒、晁补之、秦观同为“苏门四学士”。诗文与苏轼齐名，世称“苏黄”，并开创了文学史上著名的江西诗派。书法上，他擅长行、草，与苏轼、米芾、蔡襄并称“宋四家”。黄庭坚为官刚正不阿，官至知州、吏部员外郎。尽管他地位高，名声大，侍奉母亲仍一丝不苟。平时母亲的起居饮食，都是自己亲自动手，连母亲用的马桶都是自己亲自刷洗。别人劝他说：“你做了大官，洗刷马桶之类的事，就让婢女去做，何必自己动手呢？”黄庭坚说：“职位再高，也要讲孝道。侍奉母亲，没有什么高贵与下贱之分。”后人以诗赞道：

贵显天下闻，平生孝事亲。
亲自涤溺器，不用婢妾人。

【小议】黄庭坚身居高位，侍奉母亲身体力行，就连洗马桶这样的小事也不放过，实在难能可贵。清代张之洞在他编辑的《百孝图》中评说黄庭坚“无一刻不供子职”（无时无刻不在做儿子应做的事），可以说字字确当。

赎回母兄

羊仁，庐州庐江（今安徽省庐江县）人。元顺帝至元初年，阿术率兵南下，羊仁家遭劫，父亲被害，母亲、哥哥、弟弟都已失散，一时无法找到。羊仁当时年仅七岁，被卖给汴（今河南省开封市）人李子安家当奴隶，一干就是二十多年。李子安十分同情他，恢复了他的平民身份，他才重获自由。羊仁四处寻找亲人，得知母亲在颍州蒙古军塔海家，哥哥在睢州蒙古军岳纳家，弟弟在邯郸连大家，都被卖为奴仆，幸而身体还好。他求亲托友借得一百两银子，四处奔波，要赎回母亲、哥哥、弟弟。经过六年努力，终于实现了愿望，才得与母亲、哥哥、弟弟团聚。乡邻们纷纷赞扬他的孝行。后人赞道：

干戈驱掠后，世族尚流离。
孰意为奴者，能将骨肉维。

【小议】羊仁吃尽苦头，将母亲、哥哥、弟弟赎为良民，情重意深，孝敬至极，品德高尚。诚如诗中所说的，战乱之后，世家大族尚在外流落，又有谁能想到一个自身是奴隶的人，却将失散在天涯海角，且在人家为奴的亲人，一个个赎回来，重得团圆呢？

神泉洗目

杨皞，元朝扶风（今陕西省扶风县）人。母亲牛氏曾得了重病，杨皞没有办法，只好祈天保佑，母亲的病也就好了。后来，母亲双眼失明，为了能治好母亲的病，杨皞登上太白山，取回神泉水，整日为母亲擦洗双眼，终于使母亲视力恢复如前。母亲死的那天，大雨纷纷，惟独墓前墓后数里之内虽阴云密布，却未落雨。人们都很奇怪，认为这是他的孝心感动了天地。后人赞道：

躬祈病再痊，洗目取神泉。

墓上浓云护，欣欣吊客旋。

【小议】杨皞为医治母亲的眼疾，毅然攀上太白山取回神泉，使母亲恢复了视力，令人称尚。至于说埋葬母亲那天，周围大雨纷纷，惟独墓前墓后数里之内未落雨，今天的人们都明白这是一种并非十分少见的自然现象，与杨皞的孝行无关，但这并不妨碍人们对他孝行的彰扬与肯定。

雪天得瓜

王荐，元朝福宁（今福建省霞浦县）人。父亲身体不好，病得很厉害，王荐每到晚上祈祷于天，愿减少自己的寿命，以便父亲能延年益寿。父亲已将绝命而复醒，告诉友人说：“我在最危险的时候，来了一位穿黄衣、拿红帕的神人，对我说：你儿子很有孝心，上帝赐你再活十二年。”由此，父亲身体康安。十二年后，父亲果然去世。王荐的母亲得了怪病，口干舌燥，无法止渴，就给王荐说：“快找块瓜来，我吃了就能解渴！”时值冬月，家中没瓜，向乡亲求助，也没有结果，王荐就向深山老岭走去。天正下着大雪，他就躲在树底下避雪，想起母亲有病找不到瓜吃，就仰天长叹，痛哭不已。忽然，他看见对面的岩石间冒出青蔓，上面结着两个鲜瓜，急忙上前摘了，回家送给母亲。母亲吃了以后，满口生津，病就好了。后人以诗赞道：

至孝格幽冥，皇天许赐龄。

严寒深雪里，瓜瓞更青青。

【小议】祈天延命、雪中生瓜虽不符合自然常规，但王荐孝敬父母、不怕吃苦的精神，还是应该赞尚的。诗中的格是感动的意思。瓞（dié）：小瓜。

卧冰自誓

有个姓张的义妇，是元朝济南邹平（今山东省邹平县）人。她丈夫李伍伍和侄子李零在福宁服兵役时，丈夫不幸死在那里。张义妇一人在家，悉心奉养公婆。公婆死后，她以礼安葬，没有一点不周到的地方。之后对人说："丈夫死在外地，我没有去找回他的尸骨，这是因为有公婆需要奉养。公婆今已安葬，而丈夫的尸骨还远在外地，我怎么能就此安心呢？"便卧在冰上祈祷说："苍天啊，如果我能找回丈夫的遗骸，你就不要将我冻死！"在冰上卧了一个多月，她竟安然无恙。乡亲们感到惊异，纷纷解囊相助，供给她盘费。到了福宁，她先找到李零，询问丈夫的葬地。谁知坟墓累累，一时难以确认。正在她哀痛欲绝之际，突然来了个小孩，帮助他指明了丈夫的葬处。官府又派遣李零，护送她回家。后人赞道：

舅姑兆域安，夫骨犹暴外。
卧冰誓告天，竟得归遗蜕。

【小议】张义妇在丈夫死于边地之后，尚能悉心奉养公婆，公婆死后又不远千里寻回丈夫的遗骨，令人钦敬，真不愧"义妇"之名。兆域：墓域，坟墓的界址。遗蜕（tuì）：指尸体、尸骨。

杀虎报仇

元朝有个叫石明山的人，和母亲住在余姚（今浙江省余姚县）一带的山中。有一天，他从外边回到家里，居然不见了母亲。正在焦急之际，忽然看见木围墙边的草堆上有一个洞，里面有三只小虎，知母亲已经遇害。他气怒异常，先杀了三只小虎，又将大斧磨得更加锋利，站在墙边，等到母老虎归来，一斧下去，就砍裂了母虎的头。他又藏在巨石后边，等到雄虎回来，猛一下也将雄虎砍死。谁知石明山用力过猛，砍死了雄虎，自己也一下子跌倒在地，不幸死去，两只眼睛却大睁着，犹如活着，斧柄也牢牢地握在手中。后人以诗赞道：

山君每咥人，孰敢撄其怒？
壮哉石明山，一朝刲五虎！

【小议】武松打虎趁着酒势，且惊出一身冷汗，足见打虎之难。石明山一心为母亲报仇，全然不计后果，一连杀死五只老虎，心勇力猛，确实非凡。最后心力竭尽而死，令人叹息。山君：老虎的代称。咥：吃。撄（yīng）：触犯。刲（kuī）：割杀。

含唾呴母

赖禄孙，元朝汀州宁化（今福建省宁化县）人。蔡九五作乱时，他背着母亲，带着妻子儿女，随乡人一同入山，躲避祸乱。行至中途，贼寇突然来了，乡亲们被冲得四分五散。赖禄孙守着母亲，一步也不离开。贼寇将刀举起要杀母亲，赖禄孙以身蔽翼，大声说道："你们杀了我吧，请不要伤害我的母亲。"母亲这时口渴，无水可喝，赖禄孙含唾呴到母亲口中，以减轻母亲的痛苦。乱贼相顾惊骇，不再忍心残害，反而将水取来，让他给母亲解渴。有人要将赖禄孙的妻子掠走，乱兵中就有许多人制止，说："这是孝子之妻，不能侮辱。"一家人安然而归。后人赞道：

有刃将身护，无浆含唾呴。
贼骇且归妻，孝悌真宜务。

【小议】赖禄孙勇敢护卫并精心照顾母亲，其情可嘉，感动了贼寇，又使妻子免遭伤害，全家人安然而归。可见给老人尽施孝心，将会受到世人的尊敬与爱戴，受益无穷。呴(xū)：吐口水。

母依为命

明朝沈周，是著名的江南四才子之一，字启南，长洲（今江苏省吴县）人。幼时笃学古书，无所不览。写文章以《左传》为规范，作诗以白居易、苏轼、陆游为楷模，书法追慕黄庭坚，为世人所爱重。特别是在绘画方面，成绩更加突出，被人誉为明朝第一。其文流文采，映照一时。沈周心底善良，父亲去世后，有人劝他出外做官，他却认真回答说："母亲现在以我为命，她需要我服侍照料，我怎能离开她呢？"王恕、彭礼等巡抚对他都十分尊重，先后邀他到幕下工作，他都以母亲年老为由，予以拒绝。他不分黑白守护在母亲身边，从不出去游玩。母亲活到九十九岁时，他已八十岁了，真可谓母子相依，福寿齐全。后人赞道：

先生具此才，富贵逼人来。
膝下承欢永，三公岂易哉。

【小议】沈周才华出众，不忘慈母养育之恩，精心侍奉，养老送终。他的孝行与文才相辉映，更见心灵的纯洁美好。

迎养继母

归钺，字汝威，明朝嘉定（今上海市嘉定县）人。幼时丧母，父亲娶妻生子，归钺有了同父异母的弟弟。父亲为讨好妻子，经常毒打他，每当看到这种情景，继母就拿来大杖，让丈夫狠狠揍他。当时家贫，每次吃饭前，继母有意数落归钺的过失，父亲便更加恼怒，一气之下将归钺赶出家门。归钺饥困难耐，匍匐在道路之中，父亲看见，更觉他不顺眼，对他又是一顿痛打。父亲死后，继母再次将归钺赶出家门，从此不让他回家。归钺长大后，以贩盐为生，生意红火，对继母无丝毫忌恨，私下从弟弟口中得知继母爱吃的东西，尽是甘鲜之物，但家中缺钱少物，继母生活难以维持，归钺便提出自己抚养继母。继母自觉惭愧，不愿前往，后经归钺耐心说服，才点头答应。继母的亲生儿子感到自己无能，寻短见而死。归钺视继母胜似生母，精心照顾，直至终身。后人赞道：

大杖何能避，儿心自可原。
岁饥迎母返，犹可奉晨昏。

【小议】归钺心底善良，宽宏大量，迎养继母，这是人类美德的表现，难能可贵，值得赞赏。而继母对自己的亲生儿子一味溺爱，表面看是爱护儿子，实际上害了儿子。这个教训不能说不深刻。

采藤遇虎

师逵，字九达，明朝东阿（今山东省东阿县）人。年幼丧父，对母亲特别孝顺。十三岁时，母亲得了疾病，很想吃点藤花菜。家里没有什么东西，师逵就跑到城南二十多里的地方，总算找到了这种好菜，返回时天已黑了。走到二更时分，路边突然窜出一只猛虎，师逵惊恐不已，大声呼救，老虎不敢行凶，转头而去。他赶回家，母亲吃后，不久病就好了。明太祖洪武年间，他以国子生从御史出外按察，后被御史弹劾被捕。皇帝知道师逵相貌堂堂，身材魁伟，将他释罪，谪为御史台掌管文书，后又提拔为御史，迁为陕西按察史。狱中当时囚禁了一千多人，师逵一一审理，一连十天，该判的判，该放的放，做得合情合理。母亲去世后，他辞官守丧，不饮酒吃肉，坚持了三年，后人赞道：

母病欲藤花，娇儿远出拿。

夜中偏遇虎，应有鬼神遮。

【小议】师逵为母亲采菜，归途遇虎，虽虚惊一场，但他一心为母的孝子形象更为突出，令人钦敬。

谨侍兄疾

韩邦靖，字汝度，明朝朝邑（今陕西省大荔县朝邑镇）人。从小刻苦学习，与哥哥韩邦奇同登进士，历官山西左参议，分守大同。时逢荒年，百姓饥饿难耐，乡间发生了人吃人的现象。韩邦靖奏请朝廷赈灾，没有得到允许，便乞求辞职回家。未等到批准，他就提前动身。乡民们自发组织起来，站在路旁哭泣劝阻，希望他能留下来。韩邦靖含泪回到家，不久病逝。后来韩邦奇也以参议莅临大同。父老乡亲因他弟先在此任职，纷纷前来相迎，大家激动地哭了起来。此前韩邦奇曾因病卧床一年有余，邦靖亲自服侍哥哥，凡药都要先尝一下冷热；凡哥哥吃的东西都要经他的手转送。后来邦靖病重，哥哥不辞劳苦，日夜服侍，竟达三个月之久。弟弟死后，邦奇只吃简单的饭菜，身穿丧服，五个月不脱。乡亲们看了都很感动，专门立了一块孝悌碑，以示彰扬。后人赞道：

兄弟本联芳，沉疴药必尝。
十旬衣不解，孝友孰能方。

【小议】韩邦奇、韩邦靖兄弟情深，互相敬爱，互相扶助，这种手足之情，值得天下兄弟仿效。而邦靖为民请命、义无反顾的品德更令人钦佩。

火未焚庐

章溢，字三益，明朝龙泉（今浙江省龙泉县）人。他在金华做官时，得到知府秃坚不花的赏识。秃坚不花改任赴秦中时，请他一块儿前去。行至半路，他心中突生惊悸，便辞别秃坚不花回家。到家不久，父亲得重病，不幸与世长辞。正在料理丧事，家中又发生火灾。章溢护父灵柩心切，忘了自身安危，只叩头呼天，哀痛父亲。大火还没烧到灵柩，已被乡亲们扑灭。不久，凶寇为虐，进犯龙泉。章溢组织村民护庄，官府也派兵追杀逃寇。章溢却说："这些闹事的人都是平民，因为忍受不了饥荒之苦，才起身作乱。以我之见，要区别对待，不能把他们全杀了。"官府听从了他的意见，张贴布告，安抚贫民。朝廷要授予他浙东都元帅府佥事之职，他以守丧为由推辞了。后人以诗赞道：

改官将远去，父病遂心忡。
巨痛方深切，号天乞祝融。

【小议】诗中的祝融，指传说中的火神。章溢既能孝敬父母，又能实事求是地分析流寇产生的根源，并向官府提出合理的处理办法，品德高尚，实为难得。

子孝妻烈

徐允让，浙江山阴（今浙江省绍兴市）人。元末战乱之时，他奉侍父亲徐安，到山谷躲避。行至路途，偶遇乱兵拦截，要杀父亲。徐允让大声呼喊："宁愿你们杀了我，请不要杀我的父亲。"乱兵舍去徐安，竟将徐允让杀死。乱兵残无人性，又要侮辱徐允让的妻子潘氏。潘氏机敏有智，欺哄贼人说："我丈夫已经死了，让我跟从你们，绝对没有问题，如果能允许我焚掉丈夫的遗体，我就没什么遗憾了。"乱兵答应后，潘氏找来许多柴禾，焚烧丈夫的尸体。正当烈焰熊熊之际，潘氏突然纵入火中，与丈夫一同死去。乱兵一看惊叹骇惧，再也没敢伤害徐安。明太祖洪武十六年（1384），朝廷为徐允让夫妇立碑旌表，以示宣扬。后人赞道：

子真代父死，妻诈愿夫焚。
孝烈成双美，徐潘姓氏芬。

【小议】徐允让为父亲而死，妻子也不甘受辱，投火而死，令人悲叹不已。

代祖全姑

钱瑛，字可大，明朝吉水（今江西省吉水县）人。他领着爷爷钱本和及母亲躲避兵乱，已有五六年了。有一次，偶然遇见乱兵，已将祖父绑起，准备带走。钱瑛上前相救，也被乱兵绑住。钱本和哀泣着请求乱兵放了孙子，钱瑛反倒不肯，一直请代不已。贼寇生了怜悯之心，便将他祖孙二人放了。就在这时，钱瑛的母亲也被绑住，钱瑛的妻子躲在草丛中见了，就出来对乱兵说："我婆婆已经年老，请你们把她放了，我跟你们去。"贼兵即将她绑住。张氏从袖中将鞋掷出，与婆婆分别说："这鞋我已用不上了，留下作个纪念吧！"张氏一边走，一边回头看着婆婆，见婆婆已很远了，就痛骂贼人，不肯前行。贼人越加挟持，她就骂得越厉害。贼人抽出利刃，竟忍心将她杀了。后人叹道：

孙儿求代祖，子妇请全姑。
行行旋骂贼，孝烈震洪都。

【小议】钱瑛为祖父代死，张氏为姑婆而死，孝烈之举，令人震惊。

父忠子孝

王纲，字性常，明朝余姚（今浙江省余姚县）人。有文武之才，被宰相刘伯温看中，推荐给朝廷任用。活到七十岁时，仍面色红润，犹如少壮。皇帝见他与众不同，老当益壮，又提拔他为兵部郎。潮州一带比较混乱，朝廷任命他为广东参议，督催兵饷。他叹道："我的使命到此也就完结了。"写信与家人诀别后，带着儿子王彦达乘船前往潮州安抚民众。潮民叩头，表示服罪。返回时抵达增城，遭遇海盗曹真，将船截住，对着王纲团团拜请，要请王纲为帅。王纲向曹真明示朝廷的政令，曹真不听从，他便怒骂不休。海盗们将他抬去放在坛坐上，每天拜见，要他回心转意。王纲仍痛骂不休。海盗感到无望，就把他杀了。王彦达年仅十六岁，见父亲已经献身，也大骂海盗求死。海盗正要举刀再次行凶，其首领却说："父忠子孝，杀之不祥。"拿来羊皮，王彦达用羊皮裹了父亲尸体，泪水长流，出门而去。后人赞道：

七旬来受职，千里往宜民。

安能为贼帅，马革裹尸沦。

【小议】王纲为朝廷命官，年已古稀，刚正不阿，从容赴死，自是正份；而王彦达尚未成年，也能不辱父名，确实令人敬佩。可谓父忠子孝，虎父无犬子！

代父甚喜

周琬，明朝江宁（今江苏省南京市）人。父亲为滁州牧时因罪被问成死罪。周琬当时十六岁，来到官府门前叩头，请求代父一死。皇帝怀疑是别人教他这么干的，立即下令要将他处斩。周琬面色不改，从容求死。皇上很惊异，于是将他父亲改判戍边。周琬仍不满意，请求说："戍边与斩首没有什么不同，也可视作死刑。父亲既然死了，我活着还有什么意思呢？我愿意以死赎罪，不要让我父亲戍边。"皇帝十分震怒，命令左右将周琬捆绑起来，押到市曹。周琬面带微笑，十分坦然。皇帝看他诚心为救父亲，终于下令赦免了他们，并亲题御屏为"孝子周琬"。皇帝后来看中了他的才华，授他兵科给事中之职。后人赞道：

有子当何事，惟期父体安。
戍边无限苦，求死谅非谩。

【小议】谩，意为欺骗或蒙蔽。周琬要代父一死，皇帝考察他颇为忠诚，遂赦免了他的父亲，后又提拔他做官。可见恪守孝道，确实是人人敬佩的美德，连皇帝也不例外。当然新旧时代对人的品性的考察，侧面不一定相同，孝道标准也有一定差异，但爱老敬老养老却是相通的。

外国归养

麴祥，字景德，永平（今云南省永平县）人。父亲麴亮，为金山卫百户之职。麴祥十四岁时被倭寇掠到日本，日本国王让他在身边侍奉，他就在那里为官。娶妻生子后，二十年过去了，他仍念念不忘故土。明宣帝时，他随日本使者朝见明朝皇帝，请求回家奉养母亲。明宣帝当时正想安抚外族，没有批准他的请求，却允许他回家看看，然后再返回日本。麴祥回家后，只有母亲在堂。母亲已不认识他了，就说："我儿子耳朵后边有颗红痣，让我好好看看。"母亲一看见他耳后的红痣，认定他是自己的儿子，母子抱头痛哭。此后，他回日本传达了明朝皇帝的旨意。日本国王认为他精明能干，又派他向明朝皇帝进贡物品。这次回来，他向明朝皇帝又申诉了自己归国的想法，皇帝深受感动，就批准他回家奉养母亲。后人以诗赞道：

早岁逢倭掠，妻儿富贵温。

犹能归奉母，而况在中原。

【小议】母子异国分离二十多年，最终团聚，这在交通十分不便的古代，确属罕见。麴祥富贵不忘故土，一心敬奉母亲的品德，既是千千万万个身居异国他乡的炎黄子孙的一个缩影，也是中华民族具有高度凝聚力的一种表现。

三赴云南

刘谨，明朝浙江山阴（今浙江省绍兴市）人。父亲犯罪，被流放到云南守边。刘谨当时年仅六岁，向家人问了云南的方位，常常对着西南方礼拜。十四岁时，他愤然说道："云南虽有万里之遥，但天下哪有没有父亲的孩子呢？"毅然奋不顾身，前去探望父亲。六个月后到了云南，在旅舍里与父亲偶然相遇，紧紧拥抱，哭成一团。父亲后来患了痹疯病，刘谨即上告官府，请求以身代父守边。当时法律规定：年满十六岁的长子，才能代父守边。他未成年，故不许他替代。他听到堂兄去世，只好回家料理丧事，之后带着侄儿又来云南。侄儿年少不能自立，他又把侄儿送回老家，变卖了自己的家产，把钱留给侄儿，自己第三次来到云南，奉养父亲，一直到死。后人以诗赞道：

髫年行万里，六月抵云南。
劳劳三往返，归来奉脆甘。

【小议】刘谨虽未成年，却能奔赴万里，奉养父亲，吃尽苦头，在所不惜。《朱子治家格言》中说："为人若此，庶乎近焉。"刘谨为父尽孝，正是如此之人，极为可贵。

山寺遇父

山寺遇父

王原，文安（今河北省文安县）人。明武宗正德年间，父亲王珣因家中贫困，赋税繁重，只身逃往别处。王原长大后问父亲哪里去了，母亲告诉他缘故，他十分悲痛。婚娶后一个多月，他跪着告诉母亲："我现在有幸娶了媳妇，就让她先陪伴您吧，您不要挂念我，得不到父亲的下落，我誓不还家！"辞别母亲妻子后，他转辗数省。一次在神庙中休息，忽然梦见自己向人问路，人家用手将他向南方一推，他便惊醒过来。随后他又渡过洛河、漳河，到了河南辉县，蜷曲在山边一个叫"梦觉"的寺庙门口。天亮后一僧开门，问他是什么人。他回答说："我是文安人，为找父亲而来。"僧人见他可怜，引入寺中给他粥吃。当时父亲王珣恰好在此寺中，正在灶前烧火。僧人平时知道他是文安人，便对他说："有个少年是你的同乡，来找他的父亲，或许你知道情况。"王珣出来询问之后，才知道是自己的儿子。僧人知道了真相，个个都很感动。后来父子一同平安回家。后人以诗赞道：

避役父逃亡，儿闻痛自伤。

感通神示梦，相会在南方。

【小议】旧时因贫病战乱，人们难以维持生计，有的就奔走他乡。王原的父亲就是如此。王原不忘生养之恩，在母亲有所依托之后，毅然外出找回父亲。一家亲人团聚，自是人间至乐。

平錢尋母

半钱寻母

杨成章，明朝道州（今湖南省道县）人。父亲杨泰任浙江长亭巡检，娶妻何氏，没有生育；又娶妻丁氏，生下成章。成章四岁时父亲去世。丁氏之父将成章交给何氏，接女儿回家。丁氏将一枚铜钱分作两半，一半交给何氏，一半留给自己。何氏去世前讲了半钱的来历，成章听了十分悲苦。婚后不久，他拿着半个铜钱，去浙江寻找母亲。生母改嫁东阳郭氏，生子名郭珉。丁氏后来知道成章已中秀才，就让郭珉带着自己珍藏的半边铜钱去找成章。到了江西，郭珉与成章相遇，各出半钱，正好相合。兄弟二人化悲为喜，一同来到东阳。成章曾多次迎接，母亲都不回去，就自己放弃秀才就学的机会，到东阳专门奉养母亲。母亲死后，杨成章与郭珉先后到京城做官。皇帝知道此事后，特诏成章为国子学录，赐给郭珉许多花红羊酒。后人赞道：

嫡妾分钱去，兄弟执钱来。

钱合天亲合，皇家典礼培。

【小议】丁氏分钱而去，一作纪念，二为以后认亲备下凭证。只有当杨成章一心追忆生母，并毅然前往寻找时，半钱复合的故事才成了人间美谈。

万里寻兄

黄玺，字廷玺，明朝余姚（今浙江省余姚县）人。堂兄黄伯震外出行商，十年没有回来。黄玺到外寻找，行程万里，未见踪迹。最后到了衡州，在南岳衡山庙中祈祷，梦见神人送他两句诗："缠绵盗贼际，狼狈江汉行。"一个读书人给他解释说："这是杜甫《春陵行》中的两句诗。春陵（在今湖北省枣阳县一带）今属道州（治在今湖南道县），你去那里寻找一下，就会有满意的结果。"黄玺一听十分高兴，即前去寻找。有一天上厕所时，他把随身带的伞放在路边。黄伯震恰好路过这里，见这把伞非常熟悉，激动地说："这像我们家乡一带的伞啊！"再仔细一看，只见上面刻着"余姚黄廷玺记"六个小字，惊喜得一下子跳了起来。黄廷玺从厕所出来，见到堂兄，十分高兴，二人结伴而回。后人赞叹道：

求兄万里行，至意感神明。
此去春陵近，相携返旧闳。

【小议】黄伯震外出行商，十年不归，家人甚为焦急。黄廷玺不辞辛苦，转辗万里，终于寻回了堂兄。心诚意佳，令人称尚。

图书在版编目(CIP)数据

百孝图/李明 编.—西安:三秦出版社,2000.3
(2023.6 重印)
(图文版人物写真)
ISBN 978－7－80628－397－4

Ⅰ.①百…　Ⅱ.①李…　Ⅲ.①孝－文化－中国－古代－图集　Ⅳ.①B823.1－64

中国国家版本馆 CIP 数据核字(2023)第 091464 号

百孝图

李明　编

出版发行　三秦出版社
社　　址　西安市雁塔区曲江新区登高路 1388 号
电　　话　(029)81205236
网　　址　http://www.sqcbs.cn
邮政编码　710061
经　　销　全国各新华书店
印　　刷　山东阳谷毕升印务有限公司
开　　本　720×1000
印　　张　13.5
字　　数　64 千字
版　　次　2000 年 3 月第 1 版
印　　次　2023 年 6 月第 2 次印刷
印　　数　8001－13,000 册
标准书号　ISBN 978－7－80628－397－4
定　　价　48.80 元